出苗

分蘖

越冬

返青

起身

拔节

孕穗

抽穗

扬花

灌浆

成熟

小麦苗情监测与应变管理技术

毛凤梧　方文松　蒋　向　主编

河南科学技术出版社
·郑州·

图书在版编目（CIP）数据

小麦苗情监测与应变管理技术/毛凤梧，方文松，蒋向主编 . —郑州：河南科学技术出版社，2020. 5(2024.8重印)

ISBN 978-7-5349-9801-0

Ⅰ.①小… Ⅱ.①毛… ②方… ③蒋… Ⅲ.①小麦-苗情管理 Ⅳ.①S512. 105. 1

中国版本图书馆 CIP 数据核字（2020）第 012551 号

出版发行：河南科学技术出版社
　　　　地址：郑州市郑东新区祥盛街 27 号　　邮编：450016
　　　　电话：(0371) 65737028　65788613
　　　　网址：www. hnstp. cn
策划编辑：陈淑芹
责任编辑：田　伟
责任校对：司丽艳
封面设计：张　伟
责任印制：张　巍
印　　刷：永清县晔盛亚胶印有限公司
经　　销：全国新华书店
开　　本：787 mm×1 092 mm　1/16　印张：7.5　彩插：1　字数：180 千字
版　　次：2020 年 5 月第 1 版　　2024 年 8 月第 4 次印刷
定　　价：45.00 元

编写人员名单

主　　编　毛凤梧　方文松　蒋　向
副 主 编　张东升　赵俊娜　成　林
编写人员　何振霞　王　策　王秀萍　杜子璇

■■■■■ 前言

粮食安全是一个国家战略性的头等大事。党的十九大明确提出："确保国家粮食安全，把中国人的饭碗牢牢端在自己手中。"小麦作为河南省第一大粮食作物，常年种植面积8500万亩左右，居全国第一，总产占全国小麦总产的四分之一，近年来连年丰产丰收，为全省经济社会和谐稳定发展和国家粮食安全做出了重要贡献。尽管河南省小麦生产取得了长足发展和显著成绩，但也要清醒地看到，近年来冻害、干热风、持续阴雨等不利天气频发，小麦生产中赤霉病等病虫害多发、重发，不同年份不同时期苗情复杂不均衡现象常发，增加了小麦生产管理难度，给小麦生产持续稳定发展带来不利影响和困难。苗情是作物整个生长过程的最重要特征，它与作物最终产量关系密切，尤其是小麦苗情更是如此。第一时间了解和掌握小麦苗情及灾害情况，并做出科学诊断与评价，因地制宜，及时采取应变管理措施进行调控，成为确保小麦丰产丰收的关键。长期以来，各级农技人员克服天气不利、交通不便等困难，奔波于田间地头，认真开展小麦苗情调查工作，科学分析生产形势，及时制定应变管理和抗灾减灾技术方案，为保障河南省夏粮稳定发展发挥了重要支撑作用。

为进一步做好小麦苗情监测与应变管理工作，河南省农业技术推广总站在多年生产调查研究、试验示范、总结实践和专家经验、查阅借鉴相关资料等的基础上，组织编写了《小麦苗情监测与应变管理技术》一书。期望该书的出版，能够进一步提升河南省小麦监测与诊断技术水平和农民科学种田水平。

由于编者水平有限，书中难免有错漏及不足之处，恳请读者批评指正。

编　者
2019年8月

目　录

第一章　小麦的生长发育

小麦种子从萌发出苗开始，在它的生长发育过程中，逐步形成根、茎、叶、穗、花、籽等一系列器官，才能完成其生活周期。这些器官在植物学构造、生理功能、发育过程以及对形成籽实产量所起的作用等方面各不相同。同时，各个器官的生长发育，既取决于小麦本身的遗传特性，又受到环境条件和栽培因素的制约，因而，不同区域之间，小麦器官生长发育的规律也各不相同。

第一节　小麦的生育期及阶段发育

一、小麦的生育期

小麦的一生是从小麦种子萌发到产生新种子的过程。该过程持续时间称为小麦的生育时期，生产上通常以小麦出苗或播种至成熟的天数来表示生育期的长短，我省小麦生育时期一般为230多天。小麦的一生中，在形态、生理特性等方面发生一系列变化，人们根据器官的形成顺序和明显的外部特征，将小麦的一生划分为若干时期。通常将小麦生育期划分为出苗、分蘖、越冬、返青、起身（生物学拔节）、拔节（农艺拔节）、抽穗、扬花、灌浆和成熟等生育时期。

二、小麦的阶段发育

在农业生产中，常常会遇到这样的情况，把典型的冬小麦品种在春天播种，即使水肥充足，生长条件适宜，但其仍一直停留在分蘖丛生状态，不能拔节，更不能抽穗结实。反之，在冬麦区播种春小麦，常常发生临冬拔节冻死现象。这种现象是因为小麦从播种到抽穗结实，除需要水肥充足、适宜的生长条件外，还必须有保证其正常生长发育的特定条件。在这种特定条件下，小麦内部发生一系列质的变化，然后在不同质变的基础上，小麦才能由营养生长转向生殖生长。这种阶段性质变，就是小麦的阶段发育。形成这种特性的主要原因，是小麦长期在世界各地不同生态条件下，经过自然和人工选择的结果。小麦在通过每个质变阶段时，都需要温度、光照、肥、水等综合外界条件，但其中只有一两个条件起主导作用。若起主导作用的条件能满足小麦的需要，即使其他条件较差，也能完成内部质变而开花结实；若起主导作用的条件不能满足小麦的需求，即使其他条件再好，小麦也不能完成内部质变而开花结实。在小麦一生中，已经研究得比较清楚并和生产有密切关系的只有春化阶段和光照阶段。

（一）春化阶段

萌动种子胚的生长点或绿色幼苗的生长点，除要求一定的综合条件外，还必须通过一个以低温为主导因素的影响时期，才能抽穗结实。这段低温影响时期，叫作小麦的春化阶段，又叫感温阶段。根据小麦春化阶段要求低温的程度与持续时间的长短，可将小麦划分为以下三种类型。

1. 冬性品种　春化阶段的适宜温度为 0~3℃，需要时间为 30 天以上。这类品种苗期匍匐，耐寒性强，对温度反应极为敏感，未经春化处理的种子，春播一般不能抽穗。

2. 半冬性品种　春化阶段的适宜温度为 0~7℃，需要时间为 15~35 天。这类品种苗期半匍匐，耐寒性较强，种子未经春化处理，春播一般不能抽穗或延迟抽穗，抽穗极不整齐。

3. 春性品种　春化阶段的适宜温度为 0~12℃，需要的时间为 5~15 天。这类品种苗期直立，耐寒性差，对温度反应不敏感，种子未经春化处理，春播可以正常抽穗结实。

（二）光照阶段

小麦在完成春化阶段后，在适宜条件下进入光照阶段。光照阶段的主导因素是日照时间的长短，这一阶段小麦对光照时间反应特别敏感。小麦是长日照作物，一些品种如果每天只有 8 小时的日照，则不能抽穗结实；给予连续日照，则可以加速抽穗。根据小麦对光照时间长短的反应，可分为三种类型：

1. 反应迟钝型　在每天 12 小时日照条件下，经过 30~40 天才能通过光照阶段而抽穗结实。一般冬性品种多属这种类型。

2. 反应中等型　在每天 12 小时日照条件下，约经过 24 天即可通过光照阶段而抽穗结实。一般半冬性品种多属这种类型。

3. 反应敏感型　在每天 12 小时日照条件下，约经过 16 天便可通过光照阶段而抽穗结实。春性品种属此类型。

（三）阶段发育与器官形成的关系

小麦春化阶段在种子萌动、幼苗期等不同状态下通过。在生产条件下，适播期的冬小麦，一般在种子萌动时，由于当时平均气温较高，不能开始春化阶段；只有当出苗以后，气温较低时才能开始。因此，春化阶段发育从幼苗期开始，即分蘖和春化发育同时进行，白天温度较高，适宜于分蘖的生长；夜晚温度较低，有利于春化阶段发育。冬小麦晚播，春小麦早播，由于当时气温低，种子一开始萌动就存在通过春化的温度条件，一般种子从萌动至分蘖即可基本完成春化发育。

小麦的阶段发育是器官形成的基础，每一器官的形成必须在一定的阶段发育基础上才能实现。在通过春化阶段之前，小麦的茎生长锥主要分化为次生根、茎、叶、蘖等营养器官。一般认为茎生长锥伸长期是小麦通过春化阶段的标志，小麦穗分化达二棱期，春化阶段结束。小麦完成春化阶段转入光照阶段，光照阶段结束于雌雄蕊原基分化期。春化阶段是决定叶片、茎节、分蘖和次生根数多少的时期，光照阶段是决定小穗和小花多少的时期。

(四) 阶段发育理论在小麦生产中的应用

了解小麦的阶段发育特征，有助于正确地引种，确定适宜的播期、播量以及合理运筹肥水等。引种时，如果南种北引，由于北方温度低，日照较长，一般表现早熟，但抗寒性差，冬季容易受冻害死苗；相反，若北种南引，多表现为发育延迟，成熟晚，甚至不能抽穗。一般地，从纬度、海拔、气候相同或相近的地区引种较易成功。小麦播种时，由于冬性强的品种春化阶段时间长，耐寒性、分蘖性较强，可适当早播，且播量可适当少些；春性强的品种春化阶段短，幼苗初期生长发育较快，在适期范围内可适当晚播，并适当增加播量。就肥水管理而言，由于小麦穗器官的分化与光照阶段同时进行，因此，在光照阶段供给必要的氮素和水分，具有延缓光照阶段发育和延长生殖器官分化时间的作用，对培育大穗有一定效果。

第二节　种子萌发和出苗

一、种子萌发和出苗的概念

小麦种子在度过休眠、完成后熟作用之后，在适宜的水分、氧气和温度条件下便可发芽生长。当种子吸水量达本身干重的45%~50%时，种子开始萌发，胚芽鞘首先突破种皮而萌发（称为"露嘴"），接着胚芽鞘破皮而出。在一般情况下，胚根的生长比胚芽快，当胚芽达到种子的一半，胚根长约与种子等长时，称为发芽。种子萌发后，胚芽鞘向上伸长顶出地表，称为出土。胚芽鞘见光后停止生长，接着从胚芽鞘中长出第一片绿叶，当第一片绿叶伸出芽鞘2 cm时称为出苗，田间有50%达到上述标准时称为出苗期。第一片绿叶的形成与生长主要依靠胚乳中储藏的营养物质。第一片绿叶出现的早晚和大小，在生产上有重要的意义。试验证明，第一片绿叶出现较早，面积较大，它所制造的营养物质也就较多，幼苗的根和其他部分的生长也就好，对形成壮苗有良好的作用。

在第二片绿叶生长的同时，胚芽鞘和第一片绿叶之间的节间（上胚轴）伸长，将第一片绿叶以上几个节和生长点推到近地表处，这段伸长的节间叫作地中茎或根茎。地中茎的长短和品种、播种深度有密切关系，播种深则长，浅则短，过浅则没有地中茎。地中茎过长，则消耗种子养分过多，所以出苗也弱。

二、小麦种子发芽需要的条件

生产上用的小麦种子，一般发芽率在90%~95%。但在大田生产中，播下的种子出苗率只有70%~80%，出现这种现象的主要原因是小麦发芽时的某些条件没有得到充分满足。小麦发芽需要适宜的温度、水分、酸碱度，以及充足的氧气。

(一) 温度

一般认为小麦种子萌发的最低温度为1 ℃，适宜温度为15~20 ℃，最高温度为35 ℃。在适宜温度范围内，小麦种子发芽率最高，而且长出的麦苗也最健壮。种子萌动到出苗，需 0 ℃以上的积温 120 ℃左右，一般在播种 6~7 天出苗比较合适。

（二）水分

小麦种子吸水量只有达到种子干重的 45%~50% 才能发芽。小麦播种后，土壤缺墒或过湿，都影响种子的出苗率和整齐度。沙土地最适宜的土壤含水量为 15% 左右，壤土为 17% 左右，黏土为 10% 左右。小麦播种前要按照这个指标检查土壤墒情，如果墒情不足，应浇好底墒水。

（三）空气

种子萌发需要足够的氧气，在地表板结或土壤湿度过大时，往往因土壤缺乏氧气而影响种子萌发，甚至霉烂，即使勉强发芽，长势也很弱。

另外，土壤过酸过碱，播种时农业拌种不当或种肥过多等，都影响小麦种子正常出土发芽。小麦种子的发芽条件是相互联系、相互制约的。因此，生产上，应根据种子的发芽条件，播种前精细整地，做到土地平整、墒情充足、上虚下实、适时播种，提高播种质量，为获得全苗和壮苗创造良好的环境。

第三节　小麦的根、茎、叶

一、小麦的根

小麦的根是由初生根（胚根）和次生根（节根）组成的。

（一）初生根的发生

初生根也叫种子根、胚根，是由胚轴下部长出的几条幼根。当种子萌发时，先长出一条初生根，随后又长出一对或两对初生根，当小麦第一真叶长出后，初生根便停止发生。初生根一般有 3~5 条，在条件很好的情况下可以出现 7~8 条初生根。初生根从发生到分蘖期，每天可生长 3 cm 左右，入土深度到出苗期已达 20 cm 左右，分蘖期能达到 30 cm，而且已出现较多的分枝。

（二）次生根的发生

次生根也叫节根，生于小麦基部分蘖节上。麦苗生长初期，次生根发生与分蘖出现有明显的相关性。随着节位不同，发根条数也有相应变化。在发生分蘖初期，相应节上发生 1~2 条次生根，随后在分蘖节中部的节上，根数增多到 3 条左右。到春季，分蘖节上部未生分蘖的节上生根更多，条件适宜时，大量发生的新根主要是在未生分蘖的节上，一般为 4~7 条，多的可达 10 条，不少已拔节而未露出地面的节上，都有次生根。若土壤湿度较大，近地面的节上也能生根 2~10 条。拔节以后，每次灌水或降雨，又常会长出一定数量的新根，一直到抽穗期，少数壮株腊熟期还会生新根。所以，分蘖多时，次生根多。停止分蘖后，土壤条件适宜，仍能产生大量的次生根，根据这一生长特点，在起身期停止分蘖时进行施肥灌水，对控制群体、促进多发根、攻大穗是有利的时机。分蘖发生根的过程与主茎基本相同，只是分蘖具有 3 片叶时才开始生根，条数也较少。

一般主茎的次生根有 12~27 条，多为 15 条，薄地 10 条左右。次生根发生的数量除了与土壤营养和湿度有关外，与播种期的关系也很密切，播种期适当偏早的，年前发根时间长，数量多。据在河南中部试验，采用弱冬性品种，10 月 5 日播种，次生根在 10 月底开始发生，年前发根 6~10 条；10 月 15 日播种，次生根在 11 月上、中旬发生，年前发根 5~7 条；若播种迟于 10 月 25 日，年前次生根只有 2~3 条，而且根的长度多数都不超过 13 cm。播种越晚，次生根越少且短。

（三）初生根与次生根的作用

在小麦的一生中，次生根与初生根都很重要，二者的作用是相辅相成的。前期初生根前期作用大，后期次生根后期作用大，初生根的生长较次生根稳定，在环境条件不利的情况下，也能维持小麦生长的最低要求。初生根在小麦的一生中起着非常重要的作用，不论什么时候截去初生根，对小麦生长发育都会造成严重影响。次生根的发根时间长、根量大，在条件适宜时，对大幅度增产起重要作用。

（四）根系与地上部生长的关系

小麦根系的生长与地上部有密切关系，并且随着土壤肥力和品种的不同，根重与地上部重量的比例关系也有所不同。促蘖增根，麦苗生长初期分蘖与次生根发生有明显的相关性。分蘖缺位，次生根也缺位，蘖少根也少。只有根多才能秆壮。从春季起身到孕穗期或灌浆期是地上和地下生物产量积累的主要时期，地上部与地下部都有相当大的增加，但是根的增长量显著比地上部慢，所以地上部重与根重之比值明显增大，灌浆以后地上部继续增加，而根的重量增加不多或有部分死亡。根的生长速度最快时期，仍然是春季，起身到孕穗期根重的增长速度超过越冬期 10 倍。

二、小麦的茎

小麦完成一定的发育阶段后，气温达到 9 ℃以上，茎间即开始伸长。小麦茎节的数目因品种和播种期而异，播种早的冬性品种节数较多，播种晚的春性品种节数较少。一般从第 1 真叶以上有 12~15 节，稻茬麦有 10~12 节，少数晚播的只有 8~10 节。不论节数多少，上部节间能伸长形成茎秆的节数比较稳定，一般为 4~6 节，其余下部的节密集在一起，构成分蘖节。

各级分蘖的节数随蘖位不同而有多有少，成穗分蘖的茎秆节数与主茎稍有差异。正常情况下，春性品种主茎多为 5 节，少数为 6 节；分蘖多为 5 节，少数为 4 节。

小麦各节间的生长动态，因品种和春季气候变化稍有差异，但从各节间的顺序关系进行分析，其基本规律是一致的。每节从开始伸长到定长历时多为 20~30 天，节位越高时间越短，节数多的每节经历天数少，节数少的每节经历天数较多。据观测结果，由节间开始伸长到定长，第 1 节经历时间长，末节经历时间短，如豫麦 4 号第 1、2 节为 33 天，中间节为 30 天，第 5 节为 24 天。

小麦各节间的伸长是由下而上依次进行，而且是有规律的叠加过程。每节长度的动态变化，也呈"S"形曲线，都有"慢—快—慢"三个阶段。如第 1 节间由缓慢进入迅速生长时，第 2 节间开始缓慢生长；第 1 节间又进行缓慢生长时，第 2 节间进行迅速生长，第 3 节间便开始缓慢生长，如此有规律地逐节进行。各节间伸长的强度随节位增高而逐步增大，特别是倒2节和穗下节更明显，生长活动最强烈，从开始伸长很快进入迅速生长，迅速生长刚一结束，即达到基本定长。据观察，不同品种的茎节伸长都明显表现有规律的重叠过程，前期伸长较慢，随着节位向上，逐节增快，而且逐节增长。

茎节性状与倒伏关系密切。各节相比，基部第1节间最厚，少数为实心，由下向上，逐渐变薄。主茎比分蘖茎壁厚，蘖位高的茎壁相应较薄。小麦的倒伏与茎秆构造有密切关系。据观察，倒伏茎的重量比未倒伏茎的重量小，基部第1、2节间较长。

三、小麦的叶

小麦主茎和分蘖的叶片数目受品种、播种期和生态条件所制约。冬性和弱冬性品种的叶片数一般为13～15片。春性品种的叶片数一般为11～12片，对比冬性和弱冬性品种各分蘖的叶片数都相应有所减少。河南省小麦叶片长出的过程，大体是冬前5～8片，越冬期1片，返青后5～6片。叶片数的差异主要表现在冬前，冬前的叶片数可以是1～8片，主要受播种期早晚的影响。各级分蘖的叶片数依发生早晚有相应变化，但是不论叶片数多少，能成穗的分蘖春季长出的叶数，仍然都是5～6片。

小麦叶片近尖端有一个收缩区，称为叶痕（或缢痕）。第1片真叶无叶痕，第2片叶开始显现，以后各片叶更清楚。叶痕超出叶环的距离为痕环距，两叶环之间的距离为叶环距。小麦起身后，若痕环距与叶环距基本保持相等，小麦长势属于正常；若痕环距大于叶环距，有偏旺趋势；若痕环距小于叶环距，有偏弱趋势，可以据此作为判断小麦长势与发展趋势的一种指标。

小麦叶片生长与温度和水肥条件等都有直接关系，据观察，河南省大部分地区冬季小麦冬季仍然能缓慢生长，中北部地区可生长1片新叶，南部地区可生长1.5片叶。遇有冷冬年份，中北部地区小麦生长基本停止，南部少有生长，西部高寒山地生长缓慢或停止生叶。

第四节　小麦的分蘖

一、小麦分蘖的意义和作用

小麦植株的分枝叫分蘖，是小麦的一个重要生物学特性，也是小麦长期适应外界条件而系统发育的结果。分蘖的主要作用简述如下。

（一）分蘖对生长条件具有较强的适应能力

小麦到分蘖期，不仅在分蘖节处发出次生根，而且还能形成许多分蘖幼芽，以适应各种不良的环境条件，保持其自身的生存。分蘖节不仅是营养物质分配运输的枢纽，也是保持较强生命力的场所。小麦对环境条件的调节是通过分蘖节进行的。

（二）分蘖具有自动调节作用

在田间，小麦群体的大小，在很大程度上是通过分蘖节进行调节的。大田生产中，麦田基本苗的多少，有时颇为悬殊，通过肥水措施加以促进或控制，最后每亩穗数常比较接近，这就是利用了分蘖节的自动调节作用。在正常播种情况下，越冬期和早春的分蘖一般不能成穗，但播种偏晚，冬前分蘖不足，则早春的分蘖大多仍可成穗。

（三）分蘖是看苗管理的重要指标

小麦苗期，分蘖出现的快慢和多少，常可作为看苗管理的一种形态指标。一般情况下，根据分蘖的多少和主茎叶龄与分蘖发生的相关性，及早区别弱、壮、旺三种苗情，以便分类管理。

（四）分蘖数是构成产量的重要组成部分

单位面积穗数是由主茎穗和分蘖穗共同构成的。分蘖穗所占比例的大小，因水肥条件、播种密度和品种特性而有所不同，高产田分蘖穗所占比例可达60%以上。

二、分蘖的消长规律

（一）分蘖的发生

在正常情况下，随着麦苗的生长，从分蘖节处陆续向上长出分蘖，向下长出次生根。一般分蘖的发生都是以主茎为中心，在分蘖节上严格按照由下而上的顺序，依次逐个出现。凡是出现早、位置又低的分蘖称为低位蘖，而出现晚、位置又高的分蘖则称为高位蘖。

由主茎上直接发生的分蘖，不论其蘖位高低或出现迟早均称为一级分蘖，通常以0代表主茎，以Ⅰ、Ⅱ、Ⅲ、Ⅳ…表示一级分蘖。Ⅰ表示主茎第一片叶腋内长出的分蘖，Ⅱ表示主茎第二片叶腋内长出的分蘖，以此类推。

在水肥条件较好或浅播的情况下，胚芽鞘腋芽能继续生长，形成一个分蘖，称为胚芽鞘蘖，也属于一级分蘖，常用C表示。

凡是从一级分蘖上长出的分蘖，统称为二级分蘖。常用 $Ⅰ_p$、$Ⅰ_1$、$Ⅰ_2$、……，$Ⅱ_p$、$Ⅱ_1$、$Ⅱ_2$、……等表示。

同样，二级分蘖在条件适宜时，也能长出分蘖，凡从二级分蘖上长出的分蘖称为三级分蘖。常用 $Ⅰ_{p-p}$、$Ⅰ_{p-1}$、$Ⅱ_{p-p}$、$Ⅱ_{p-1}$、……等表示。

有些年份，田间麦苗的分蘖常有"缺位"现象。造成缺位的原因较多，但主要是由于营养不良或分蘖节处的墒情不适宜，以及播种过深、密度过大等。在墒情不足或整地不实的情况下，分蘖处迟迟不长次生根，同样也不产生相应的分蘖，一旦遇雨、灌水或土壤沉实后，条件改变了，即在分生能力比较强的上位节上产生分蘖与次生根，原来节位（下位节）分生能力已经减弱，不再产生分蘖造成缺位。分蘖缺位可以作为麦田苗情诊断的指标之一。

一株小麦在它的一生中能长出的分蘖数（不包括主茎），称为单株分蘖力。单位时间内形成的分蘖数称为分蘖势。不同品种的单株分蘖力不同，一般春性品种较低，弱冬性、冬性品种较高。在生产实践中，小麦单株分蘖力的大小，除受品种特性影响外，还受单株营养面积、温度、光照、施肥、播种深度和播种期等的影响。

通常所说的成穗率是指田间总成穗数（包括主茎在内）与田间最高总茎数（也包括主茎在内）的百分率。一般栽培水平高，成穗率高。

(二) 分蘖与叶片的同伸关系

在水肥条件好、单株营养面积较大的情况下，当主茎出现第 3 片叶时，有部分植株从地下的胚芽鞘腋中，长出一个胚芽鞘蘖。一般大田出现胚芽鞘分蘖的概率不高，只有在种子饱满、肥水条件好、浅播的情况下才有部分植株能够长出。

凡是和主茎某叶片同时长出的分蘖称为主茎某叶的同伸蘖。当主茎出现第 4 片叶时，在主茎基部第 1 片叶的叶腋里同时长出第 1 个一级分蘖，与主茎第 4 片叶同伸。当主茎出现第 5 片叶时，从主茎第 2 片叶的叶腋里同时长出第 2 个一级分蘖，与主茎第 5 片叶同伸。当主茎出现第 6 片叶时，从主茎第 3 片叶的叶腋里同时长出第 3 个一级分蘖，Ⅰ 基部的第 1 个二级分蘖也同时长出，与主茎第 6 片叶同伸。

以后只要条件适宜，与主茎每增生一片的同时，从下往上多出现一个一级分蘖，已出现的分蘖各增生一片叶，每个分蘖在长出三片叶时，和主茎一样，在其基部也会出现第一个次级分蘖，以此类推。主茎叶为 3、4、5、6、7、8、……，分蘖数（包括主茎）为 1、2、3、5、8、13、……。

在实践中，由于品种特性、播期、播量、播种深浅以及水、肥、温度、光照等条件的影响，分蘖数完全符合上述数列的不太多。在一般适期播种，深浅适当的情况下，在主茎 7 叶龄以前，一般都基本符合上述数列关系。主茎 7 叶龄以后，或在晚播又播种过深、播量过大，以及播后严重干旱、冬前积温不足的情况下，造成分蘖缺位，分蘖数少，则分蘖数不符合上述数列关系。

(三) 分蘖消长特点

河南小麦分蘖的消长过程有其共性特点，一般表现为"两个盛期，一个高峰，越冬不停，集中消亡"。

1. "两个盛期" "两个盛期"是指在小麦一生中有两个分蘖旺盛的时期。在河南省中北部地区，一个盛期是在 10 月底到 12 月上中旬。一般年份，这一阶段长出的分蘖占总分蘖的 70% 左右。另一个盛期则在翌年的 2 月中下旬到 3 月上中旬，分蘖数占总分蘖数的 20% 左右。越冬阶段增长较少。南部地区第一个分蘖盛期在 11 月中旬至 12 月中下旬；第二个盛期在翌年的 2 月至 3 月上旬。但在群体过大或人工控制条件下，以及干旱丘陵麦田、平原旱薄地，年后分蘖盛期也可能不出现。

2. "一个高峰" "一个高峰"是指分蘖累计高峰数值通常出现在翌年 2 月下旬或 3 月上中旬，即起身期。此时分蘖处于不增不减状态，并持续一段时间，所以这个高峰又称平顶高峰。分蘖高峰期出现的迟早与品种有关，同时受播种期、土壤肥力、播种量及栽培管理措施的影响。如河南中北部的水肥地，在适时播种、合理密植的条件下，分蘖高峰一般在年后 3 月上中旬；少数高产田块，在播种早、播量较大的情况下，有时分蘖高峰期提早至冬前或翌年 2 月中下旬出现，但在晚播、低密度的情况下，分蘖高峰期可推迟至 3 月中下旬。由此可见，分蘖高峰期出现的早晚，可以通过栽培措施来进行调节。

3. "越冬不停" "越冬不停"是指越冬期间分蘖继续发生。河南省中北部地区 1 月平均气温一般在 0 ℃ 左右，仅在个别冷冬年时温度较低，一般年份小麦在越冬期间 12 月下旬至翌年 2 月上中旬，随着主茎、大蘖长出，还有新蘖发生。据在新乡、郑州、洛阳等地多年观察，越冬期主茎可增长一个叶片并滋生相应的分蘖，暖冬年则增长更多。

一般认为，小麦分蘖的最低日平均温度为 2~3℃，低于此温度时，停止分蘖。但据河南省多处观察结果，在日平均气温 0~3℃ 的情况下，由于一日内温度时有回升，分蘖仍不停止。如在新乡县，连续两年对郑州 761 品种进行定株观察结果，1979 年 1 月 11~18 日，8 天内日平均温度在 -1.1~5℃。适时播种 10 月 10 日的 10 个定株，在此期间内净增 8 个分蘖。适时偏晚播种的 11 个定株，同期也净增 10 个分蘖。1980 年 1 月 29 日—2 月 9 日，连续 12 天日平均温度为 -3.9℃，在这样的条件下，适时播种 10 月 8 日的 10 个定株，在此段时间内净增 7 个分蘖。晚播 10 月 20 日的 11 个定株，同期也净增 9 个分蘖，说明郑州 761 小麦进行分蘖的低温下限不是 2~3℃，而应该更低些，在日平均温度为 0~-3℃ 条件下，仍能缓慢长出新蘖。

4. "集中消亡" "集中消亡"是指无效分蘖消亡时间比较集中。一般新生分蘖到起身期不再增加，拔节前后表现出两极分化，两极分化结束的早晚与品种、栽培条件有密切关系。弱春性品种，两极分化快，结束早，无效分蘖一般在拔节期后 15~20 天（3 月下旬至 4 月上旬）集中死亡，死亡蘖达 70%~80%。弱冬性品种的两极分化慢，结束晚，无效分蘖的死亡从拔节后延续到孕穗前后（4 月中下旬）。

氮肥供应过多，会推迟两极分化，造成田间郁闭。在生产实践中，拔节期间既要保证有足够的水肥供应，提高成穗率，又要防止水肥过大，推迟两极分化。

在一株上无效分蘖的消亡顺序一般是由上而下、由外向内，即出现晚的高位蘖先消亡，然后是中位蘖消亡。通常认为高位小蘖的心叶停止伸长，形成空心蘖时，即标志着分蘖已停止，开始呈现两极分化。因此，掌握小麦拔节前后两极分化的特点，根据苗情及时采取管理措施，有助于提高分蘖成穗。

同一品种不同播种期，分蘖的增长有明显差别，但消亡时期差别不大。自 3 月下旬两极分化开始，均在 3 月下旬至 4 月中旬集中消亡。

三、分蘖的成穗规律

小麦的分蘖，一般早出现的大蘖能抽穗结实，成为有效分蘖；出现较晚的中、小分蘖，常常不能抽穗结实，在拔节后相继死亡，成为无效分蘖。

据各地观察，在中高产田一般单株成穗 2 个时，多为主茎和第 1 个一级分蘖；单株成穗 3 个时，多为 0、Ⅰ、Ⅱ；单株成穗 4 个时，多为 0、Ⅰ、Ⅱ、I_p；单株成穗 5 个时，多为 0、Ⅰ、Ⅱ、Ⅲ 及 I_p。

小麦分蘖力的大小除了与品种特性有关外，受环境条件的影响很大，相同品种在不同生态条件下，其分蘖状况也不同。

（1）从分蘖发生的部位看，一般低位蘖比高位蘖的成穗率高。

（2）从时间来看，出现早的分蘖成穗率较高。在正常年份，适期播种的品种，越冬以后长出的分蘖，一般都不能成穗。早出现的分蘖，因为生长时间较长，叶片数较多，有自己的次生根，所以成穗率较高。

（3）群体大小对分蘖成穗有明显影响。群体过大时，由于中、小分蘖受光条件差，极易成为无效分蘖，成穗率降低。相同品种常因基本苗数和最高总茎蘖数超过适宜范围而分蘖率下降。

（4）通常叶片数多的分蘖次生根发育较好，独立生活能力较强，成穗的可能性较大。据观察，一般在越冬期达4叶以上的分蘖多能成穗，少于4片叶的分蘖，在越冬时群体较小的情况下成穗率较高，群体大时成穗率则低。

（5）播种早晚与分蘖成穗关系十分密切。适时播种的分蘖出现早，成穗率高；推迟播种期，各分蘖依次出现的分蘖也依次推迟，成穗率低。

（6）在一定播量范围内，单株营养面积大的成穗率一般较高。

四、影响分蘖的因素

（一）温度

一般认为，分蘖最低温度为2℃，最适温度为13~18℃，高于18℃分蘖生长减缓。河南省冬前降温较为缓慢，日平均气温由18℃降到3℃以下，要历时60~80天，有利于小麦分蘖。全省各地年绝对最低气温平均值在-14~-10℃，越冬的负积温多在-150~-50℃，麦苗在越冬阶段处于缓慢生长状态，这对植株体内养分积累，增加分蘖数和提高成穗率十分有利。春季气温回升较快，常出现第二次分蘖旺盛期。大穗型品种数量最高的群体若超过100万株，常出现后期倒伏现象。

（二）土壤水分

最适宜分蘖的土壤水分为田间持水量的70%~80%。土壤干旱时，水分低于田间持水量的50%以下，分蘖形成缓慢甚至不能形成；但当土壤含水量超过80%时，由于土壤通气不良，分蘖力显著下降，甚至不分蘖。

降水是土壤水分的主要来源，试验证明，分蘖水应占整个生育期降水量的15%左右，即50~80 mm，对小麦分蘖比较有利，超过80 mm为多湿，低于50 mm为干旱。河南省中北部尤其是黄河以北地区，小麦分蘖期间降水较少，干旱频率为每10年4~5次，60~80 mm降水保证率只有20%~24%；豫南分蘖期降水量则较多，大于100 mm降水频率为每10年3~4次，干旱频率为每10年1次。因此，中北部地区应注意浇足底墒水或浇分蘖水，适时冬灌。

（三）土壤养分

氮肥有促进分蘖的作用，尤其氮、磷配合效果更为显著。氮肥不足，植株生长瘦弱，分蘖少或不分蘖；氮肥过多，分蘖旺盛，群体过大，田间荫蔽。

分蘖期缺磷也会影响小麦分蘖和次生根的生长。因此，除施足有机肥作底肥外，提倡集中条施适量氮肥和水溶性磷肥，以促根增蘖，培育壮苗。

另外，整地质量、播种量、播种深度及种子质量等，对分蘖的发生均有不同程度的影响。

第五节 小麦的幼穗分化发育

小麦幼穗分化的特点，除和品种特性有关外，还受不同地区生态条件和栽培因素的制约。因此，掌握幼穗分化形成的规律及其与环境条件的关系，就可为正确采取栽培措施、争取穗大粒多提供理论依据。

河南省小麦幼穗分化的特点是开始早、历时长、前期慢、后期快。在正常播种情况下，春性品种播种后20~25天，弱冬性品种30~35天就开始进入穗分化期，冬性品种更晚一些。

幼穗分化经历的时间，从伸长锥伸长到花粉粒形成，一般为130~180天，南北差异较大。据观察，河南省北部为170~180天，中部为160~170天，南部为122~127天。较华北一些麦区经历时间长一倍左右，较我国南部冬麦区和春麦区历时更长。

在穗发育进程上，河南省大部分春性品种以二棱期越冬，冬性或弱冬性品种以单棱或二棱初期越冬。到翌年返青后，进入护颖分化，在正常播种条件下，自伸长期到二棱末期，一般要经历100~120天，占总分化时间的2/3左右，而从护颖分化开始到四分体时期，经历几个阶段，只有40~60天，约占总分段时间的1/3。

幼穗分化时间长，是河南省小麦生产上的优势，有利于促大穗、增粒数，充分发挥穗部经济性状的增产潜力。

一、穗的形成过程

（一）穗的结构

小麦的穗即花序，为复穗状花序，由穗轴和小穗组成，小穗着生在穗轴节片上。每个小穗又由小穗轴、两个护颖及数朵小花组成，每个小花包括内颖和外颖，3个雄蕊，1个雌蕊和2个鳞片。

河南省小麦每穗小穗数在15~25个，绝大多数为20个左右。一个小穗除了顶端和下部第1、2小穗分化6~7朵小花外，其余每小穗均能分化8~9朵小花，一个穗分化160~180朵小花。每小穗结实小花为2~5个，多数2~3个，每穗结实粒数一般30~40粒，最多达60~70粒，少者10~20粒。

穗粒数的多少受环境条件和栽培措施影响很大。应掌握穗分化规律，采取相应措施，争取较多的每穗粒数。

（二）幼穗分化时期与形态特征

幼穗分化是一个连续进行的生长发育过程，为了便于研究分析，人们根据穗部器官发生的特点，通常将幼穗分化过程划分为8个时期，其各时期形态特征以及在我省条件下经历的天数分述如下。

1. 伸长期　伸长期春性品种的叶龄是3.3~3.4，弱冬性品种是4~5，叶龄指数是30~35。进入伸长期就标志着生殖生长的开始，茎生长锥已是幼穗的原始体，不再分化茎节和叶原基，因此，主茎节数和叶片数已经定型，不再增加。

2. 单棱期　小麦进入单棱期，春性品种叶龄为 3.6 左右，弱冬性品种为 5.5 左右，叶龄指数为 32~37。

3. 二棱期　二棱期在河南省历时一般 70 天左右，因而每穗能形成较多的小穗数。二棱期分为三个时期。

（1）二棱初期：植株叶龄，春性品种和弱冬性品种分别为 5.8 和 7~7.4，叶龄指数为 50~53。河南省的小麦越冬前春性品种可进入二棱初期，一般壮苗比弱苗进入二棱期早。

（2）二棱中期：营养条件充足、生长健壮的植株进入二棱中期也比弱苗早，历时也较长。一般春性品种以此越冬。

（3）二棱后期：幼穗中部的小穗原基远大于苞叶原基。

4. 护颖原基分化期　护分化初期的叶龄，春性品种和弱冬性品种分别为 7.6 左右和 8~9，叶龄指数为 69 左右。护颖分化在我省一般历时 7 天左右。

5. 小花分化期　进入小花分化期的叶龄，春性品种和弱冬性品种分别为 8.0 和 10.2 左右，叶龄指数为 72 左右。此时，节间长度为 1 cm 左右，小麦正处于起身期。起身到拔节为 10 天左右时间。

6. 雌雄蕊分化期　春性和弱冬性品种的叶龄分别为 9 和 11.2，叶龄指数为 80 左右，节间长为 3 cm 以上，正处于小麦拔节期。

7. 药隔形成期　该时期的叶龄，春性品种和弱冬性品种分别为 10 和 13，叶龄指数为 90 天左右。药隔形成期历时天数较多，河南省的小麦为 21~22 天。这个时期小花正在发育形成，是减少小花退化、增加穗粒数的关键时期，应保证良好的水肥和光照条件。此时，小麦正处于拔节中期，倒 3 叶全部展开，倒 2 叶露尖时，第 3 节间加速伸长。

8. 四分体时期　进入四分体初期的旗叶和旗下叶的叶耳间距为 2~6 cm。四分体以后，形成花粉粒，花粉粒逐渐成熟后即行开花。此时，小麦正处于孕穗期。该时期一般出现在 4 月上旬，豫北的小麦则延至 4 月中旬末出现。

二、主茎、分蘖幼穗分化进程的差异

在时间上，分蘖较主茎幼穗分化开始的时间晚、历时短，蘖位越高，这种趋势越明显。在发育速度上，分蘖穗虽然开始时间晚，但发育进程快，有分蘖穗赶上主茎穗的趋势。

三、穗器官发育的不均衡性

幼穗基部的苞叶原基最先分化，发育最早，退化最晚，最下部第 1 个苞叶原基往往发育成 1 个小叶片。

小穗原基是从幼穗的中下部的苞叶原基处最先开始分化，而后是中部小穗、下部小穗、顶端小穗顺次进行。因此，中、下部小穗最早开始分化小花，并且有较强的生长优势，中部小穗一般不退化，顶端小穗虽然分化出现的最晚，但由于分化强度大，多数品种顶端小穗也不退化，基部小穗由于生长势弱，则容易成为不孕小穗。

第 1 个小穗分化小花是从小穗基部开始，逐渐向上分化，下部小花有较强的生长优势。因此，小穗基部的第 1、2 朵小花多数能结实。

同一个穗子，不同小穗位上的小花发育进程不同，穗基部小穗上的小花远远落后于中部小穗的小花，如第 1 穗上的第 1 朵小花只相当于中部小穗第 4 朵小花的发育时期，随着小穗位的升高，发育时期的差距缩小，而上部小穗发育又晚一些。

穗部器官发育的不均衡性，是造成小穗、小花不育的内在因素之一。

四、小花的分化与退化

（一）小花分化的形态特征

小花分化过程中的形态特征，是研究不同生态条件下小花发育特点的重要指标。

（二）小花发育经历天数

在正常播种情况下，由于品种及生态条件不同，每朵小花发育的天数也差别较大，其变幅常在 40~70 天。下位小花发育时间长，上位小花发育时间短。春性品种的小花发育时间长，冬性品种较短，北部地区和南部地区均短于中部地区。

据有关资料，河南省中部许昌地区春性品种郑引 1 号等 2 月中旬进入小花原基分化期，至 4 月下旬开花，历时 60~70 天。弱冬性品种郑州 761 等 3 月上中旬小花原基开始分化，至开花历时 50~60 天。

北部安阳地区弱冬性品种百农 3217，3 月 16 日进入小花分化期，4 月 17 日开花，历时仅 30 多天。

南部信阳地区郑州 761 品种，2 月 25 日进入小花分化期，4 月 19 日前后开花，历时 55 天左右。

与我国南北麦区相比，河南省的小麦小花发育时间较长（北京 30 天左右，武汉 40 天左右）；但与小穗原基分化期相比，经历时间短，分化强度大。

（三）小花的发育及退化

在正常情况下，一个小穗进入小花原基分化以后，连续分化出第 1、2、3 朵小花；当出现第 4 朵小花时，其第 1 朵小花便进入雌雄蕊分化期；第 5 朵小花出现时，第 1 朵小花达到小凹期（雄蕊约隔形成初期）。

当第 1 朵小花达到柱头伸长期至柱头羽毛突起期，一个小穗的小花数目不再增加，达到最大值（拔节期）。这时小穗的小花发育速度表现为，上部、下部小花的发育速度有所减慢，中部的小花发育速度加快，即上慢、中快、下慢的生长现象。这是小花将要开始退化的标志。如此时提供良好的条件，可减少小花退化。

同一个穗子，不同小穗位的小花发育不同，基部小穗的小花远远落后于中部小穗的小花发育。

不同花位的小花发育时期所经历时间不同。据河南农业大学的观察结果，在正常情况下，第 1 朵小花从小花原基分化到雌雄蕊分化需 25 天左右，至柱头羽毛形成期，经历约 60 天，随着花位的升高，小花各发育时期历时天数明显缩短，有追赶下位小花的趋势。当第 1 朵小花发育到柱头羽毛突起时，未发育到柱头伸长期的上位小花，发育都会停止下来，成为退化小花。

（四）小花退化的原因

小花发育的特点进一步表明，小花退化的内在因素在很大程度上是由于小花发育的不平衡性。小花分化结束后，由于生长中心的转移，发育晚的小花，因整个穗子过渡到下一个发育阶段，碳水化合物的需求和发育时间都得不到满足，因而导致退化。光照、肥水供应不足则是引起小花退化的外部因素。

（五）小花退化的时间

河南省中部地区小花退化的高峰出现在 4 月上旬，即开花前的 20 天左右。小花退化延续到胚胎发育的初期，大量小花退化的高峰一般持续 5~7 天。为了减少小花退化，应在小花退化的高峰前、小花分化的旺盛期（药隔期）采取相应措施。

五、影响穗形成的主要因素

（一）温度和光照

温度是控制幼穗分化最重要的因素，不同类型的品种都要求与其相适应的一定程度和一定时间的低温，才能开始穗发育；穗在不同的分化时期对温度的要求以及抵抗低温的能力也不同。

在河南省中部地区，幼穗分化从生长锥伸长期到花粉粒形成，在正常播种情况下，需 0 ℃以上积温 1 000 ℃·d 左右，在生产中可以通过播种期来调节穗分化的进程，使其向丰产的方向发展。

小麦属于长日照作物，在较短日照条件下，光照阶段延长，从而延长了穗分化时间，使每穗小穗数增多。河南省目前种植的小麦品种，大多能在较高温度条件下通过春化阶段进入光照阶段，但在正常播期情况下，进入光照阶段后，由于穗分化正处于冬季，温度较低，日照较短的条件下进行，所以进程缓慢，从伸长到小花分化的时间，北部 140 天左右，中部 120 天左右，南部也要历时 70~80 天。这样长的光照阶段是河南省小麦获得大穗的有利条件。

小麦幼穗分化，从雌雄蕊分化期到四分体时期，需要充足的光照条件，光照不足会影响小花的发育，导致小花退化。高产田往往由于群体过大，光照不足，造成穗粒数减少。

由于光照和温度条件差异，河南省各地幼穗分化的进程也明显不同。

（二）营养条件和土壤水分

肥水充足，幼苗生长健壮，穗分化开始早，分化强度大；反之，营养条件差，叶原基出现慢，幼穗分化开始晚。据河南农业大学调查，相同播期情况下，壮苗先进入伸长期和单棱期；进入单棱期以后，壮苗较弱苗苞叶原基数约多 1.5 倍。据安阳农科所观察，高肥田比中肥田穗分化强度大，在越冬期即可进入二棱期，每穗粒数较中肥田多 4~6 粒。

在小花分化过程中，不同苗情的小花发育进程有明显差别。壮苗的上位小花具有较强的分化优势，与下位小花的发育时期差距较小，因而结实率较高。弱苗的上位小花远远落后于下位小花的发育时期，致使上位小花退化早、退化快，结实率降低。

在穗分化期间如氮素营养不足，追施氮素化肥能促进幼穗改良，增加穗的分化强度，延长其分化时间，提高穗粒数。据河南农业大学实验观察，在二棱期追施适量氮肥，比未追肥的推迟 8 天进入雌雄蕊分化期；雌雄蕊分化期追肥比未追肥的推迟 7 天进入药隔形成期；药隔形成期追肥，使下位小花的发育变缓，有利于上位小花的发育，特别是小穗中部的小花出现明显的分化优势，使其向结实方向发展，但氮肥过多会造成植株徒长、生育期延长、群体过大，则光照条件恶化，光合产物不足，引起大量小花退化。药隔形成期到四分体时期缺磷，影响性细胞的形成，也会使退化小花数增加。

在幼穗分化期间要求充足的土壤水分。单棱期干旱，穗长明显变短；小穗、小花分化期干旱，不孕小穗增加；四分体期干旱，则败育小花增多。

第六节　小麦籽粒形成与灌浆

小麦抽穗以后，即转入以生殖生长为主的阶段。营养器官除了穗下节间继续伸长外，其余节间、根、茎、叶基本终止生长。穗部经过开花、授粉、籽粒形成、灌浆达到成熟。此阶段不仅是决定粒重的关键时期，而且对穗粒数仍有一定影响。因此，掌握籽粒形成与灌浆规律，从而采取必要的措施，创造良好条件，以达到保穗数、增粒重、提高产量的目的。

一、抽穗和开花

当小麦穗顶端第 1 个小穗（不包括芒）从旗叶鞘伸出时，称为抽穗，全田有 50% 单茎抽穗时称为抽穗期。抽穗的早晚与品种、气候和栽培条件等有关。抽穗时最适温度为 20 ℃左右，温度过高或干旱都会使小麦提早抽穗，阴雨、低温、晚播和后期施氮肥过多等都会延迟抽穗。一般春性品种抽穗早于弱冬性和冬性品种。

小麦抽穗后一般经过 2~5 天开始开花，开花的适宜温度为 20 ℃左右。气温高时，抽穗当天即可开花，温度低时也有抽穗 10 天后才开花的。小麦开花在一天内出现两个高峰，分别在上午 9~11 时，下午 4~6 时。

每穗开花时间，常因品种和气候不同而有所不同，一般可持续 3~5 天，开花盛期是第 2~3 天。第 5 天开花很少，全田从开花开始到开花终止需 6~7 天。开花后进行授精，子房开始膨大，即进入籽粒形成过程。

二、籽粒形成、灌浆和成熟

从开花到成熟，河南省小麦一般经历 35~40 天，在此阶段小麦籽粒发生一系列变化，根据其外形、灌浆速度以及内含物的变化又可分为：籽粒形成阶段、灌浆阶段和成熟阶段。

（一）籽粒形成阶段

小麦授粉后经 10~12 天，胚已分化出生长锥、胚芽鞘和一个叶原基，即胚基本形成，并具有一定的发芽能力。在此阶段，籽粒长度增加最快，约达最大长度的 80%，宽度和厚度达最大值的 70% 左右，这就是通常所说的"多半仁"。籽粒颜色由灰白色逐渐转变成灰绿色。此期间籽粒的干物质积累很少，千粒日增长量为 0.4~0.8 g，一般千粒重可达 5 g 左右，水分含量为 70%~80%。

在籽粒形成过程中，仍有部分籽粒退化，一种原因可能是没有受精，在开花后的第 3 天即行干缩；另一种原因是气候变化和营养供应不足，开花后 6~7 天，即接近多半仁时，不再发育而干缩。高温干旱、连绵阴雨、锈病严重等，会影响光合作用的正常进行，有机营养状况恶化，常使顶部或基部小穗籽粒和中部小穗的上位籽粒停止发育，甚至中部小穗的下位籽粒干缩退化，从而降低穗粒数。

（二）籽粒灌浆阶段

从开花后的 10~30 天，麦粒从多半仁经过顶满仓到乳熟末期为灌浆阶段。在此期间，胚乳内积累淀粉很快，干物质急剧增加。根据物质积累多少及籽粒颜色，该阶段又可分为乳熟期和乳熟末期。

1. 乳熟期　此期历时 15~20 天，在开花后 20 天左右籽粒体积达最大，即所谓"顶满仓"，是籽粒增重的主要时期，千粒重日增长量达 1~1.5 g，有时可达 2 g 左右。

2. 乳熟末期　此期历时 3~4 天，含水量下降到 40% 左右，籽粒表面由黄绿色变为绿黄色，胚乳呈糊状，干物质增加也逐渐转慢，籽粒体积达到最大值后即开始收缩，灌浆速度明显减慢。

籽粒灌浆速度的特点是"慢—快—慢"，即多半仁以前灌浆缓慢，从多半仁到顶满仓速度加快，达到顶满仓以后，灌浆速度又减缓。

灌浆时间的长短和灌浆速度的快慢都影响粒重的高低。因此，灌浆阶段是粒重增加的关键时期，要注意防治病虫和防止倒伏。

（三）成熟阶段

小麦进入成熟阶段以后，最大特征是干物质积累变慢，籽粒中水分很快下降，所以也称为失水阶段。由于水分减少，籽粒体积开始萎缩，根据籽粒内含物的变化，该阶段又可分为糊熟期、蜡熟期和完熟期。

1. 糊熟期　此期历时 3 天左右，灌浆速度明显减慢，含水率下降到 38%~40%，胚乳呈面团状，体积开始萎缩，籽粒由绿黄色变为黄色，唯有腹沟和胚周围略带绿色。

2. 蜡熟期　此期历时 3~5 天，不同地区有所不同，此期含水量急剧下降至 25%~30%，籽粒颜色接近其固有色泽，胚乳由面筋状变为蜡质状，初期可用手搓成细条状，后期呈蜡质状，此时麦株旗叶鞘变黄，旗叶以下的茎叶全部干枯，茎秆尚有一部分保持绿色，穗子变黄，有芒品种的芒略有炸开。

蜡熟中后期，籽粒干物质达最大值，生理上已正常成熟，此时是人工收割的最佳时期。但对联合收割机来说，由于籽粒含水量仍较大，茎秆较软，不易脱粒，容易挤扁籽粒和破粒，不宜收割。

3. 完熟期　干物质积累停止，含水量降到 20% 以下，体积缩小，籽粒变硬，已不能用指甲切断，即为硬仁，已表现出本品种成熟籽粒的特征，麦秆茎叶全部干枯。此期时间很短，适宜机械收割。

三、籽粒干物质的来源与积累

小麦籽粒干物质来源主要有两个方面：一是小麦抽穗前茎、叶、鞘中贮存的营养物质，二是抽穗后茎、叶、鞘、颖、芒等绿色部分的光合产物。据研究，小麦籽粒中的干物质约有 1/3 来自抽穗前茎、叶、鞘的贮存干物质，其余 2/3 来自抽穗后的光合作用产物。研究表明，抽穗后干物质积累的多少，取决于这一时期的绿色面积（包括叶、叶鞘、茎秆、颖壳及芒的面积）的大小，而且离穗部越近的绿色部分，光合产物向穗部运送的越多，特别是旗叶和穗部的功能是增加粒重的关键。

小麦籽粒干物质的积累，除茎、叶、鞘的光合作用外，穗部和芒虽然面积很小，其光合作用产物对籽粒的贡献却相当可观。据河南农业大学测定，穗部遮光后千粒重下降 15.52 克，约 35.3%，比摘除旗叶的影响还大；剪去芒，千粒重下降 6.4 g，约 14.5%。但是，灌浆期小麦的绿色面积并非越大越好，而是在适宜范围内尽量保持较长的功能期，尤其是要提高光合作用强度，增加干物质积累。

四、籽粒发育对环境条件的要求

小麦开花授粉后 1 周内，遇到阴雨、低温、干旱等不良环境条件，会影响籽粒正常发育，造成籽粒的败育，主要是影响灌浆过程。由于环境条件不同，同一品种粒籽重波动很大，千粒重常相差 2~3 g，甚至更大一些。造成这种波动的基本因素是温度、日照、水分、养分及病虫危害等。

（一）温度

小麦灌浆期间最适宜的日平均气温是 20~24 ℃，在气温不超过 26 ℃时，随温度的升高，灌浆强度增大。灌浆不同时期对温度反应的敏感性不同。灌浆早期当日平均气温超过 26 ℃或低于 15 ℃时，灌浆强度明显下降；到后期日平均气温超过 26 ℃，灌浆即停止，以后难于恢复，造成高温逼熟；如果日平均气温低于 20 ℃，粒重的日增长量甚微或者不再增加。温度不仅影响小麦的当日灌浆强度，而且也影响以后 2~3 天的灌浆强度。开花至成熟需要 720~750 ℃·d 的积温，超过或不足都会延长或缩短灌浆时间。

河南省气温特点对小麦灌浆的不利因素表现在灌浆期前期温度不足，后期温度过高，升得过猛。据洛阳市农技站测定，千粒重与灌浆后期的日平均气温和日最高温度呈极显著的负相关。

（二）日照

小麦籽粒中干物质的积累有 2/3 以上来自抽穗以后的植株光合产物，因此，光照强度及光照时间对粒重均有较大影响。遮光试验表明，光对粒重增加影响最大的时期是在灌浆旺盛期，即开花后的 11~20 天。对于河南省的小麦，灌浆期间的日照时数在 7 小时以上时，随着日照时数的增加，灌浆强度增高；当日照时数小于 7 小时，灌浆强度减弱，3 小时以下会严重影响灌浆的进行；但日照时数超过 8 小时，灌浆强度也没有明显提高。

日照对灌浆的影响，在小麦灌浆不同的时期表现不同。灌浆盛期，日照时数高峰出现后 2~3 天，才出现灌浆强度的高峰，而日照时数低峰后 4~5 天，才出现灌浆强度的低峰。灌浆后期日照时数与灌浆强度的高低峰接近或重叠。

（三）水分

在小麦灌浆旺盛期，籽粒中绝对含水量保持一个稳定阶段，一般每千粒中含水量为 26 g 左右，到灌浆后期才开始下降。当籽粒含水率下降到 35% 以下时灌浆停止。茎秆的含水率在灌浆的过程中一般保持在 70% 以上，有利于灌浆的土壤含水率应为田间持水量的 60%~70%。

研究认为，在一定的时期，尤其是灌浆后期，轻度的干旱能促进光合作用的进行，增加灌浆强度，尤其是当土壤水分维持在有效水分的下限范围时，有利于茎叶中养分向籽粒中转运，并能使根系保持较强的活力，保证小麦正常落黄，提高粒重。

（四）养分

小麦籽粒中所积累的干物质绝大部分是抽穗以后的光合产物；因此，小麦生长后期仍需要一定量的氮、磷、钾等矿物质营养元素，以保持叶片的功能，进行物质的合成、运转和积累，但此时从土壤中吸收养分已经较少。据河南省几个单位测定，小麦孕穗期吸收的氮已达到全生育期的 91.4%、磷达到 67.6%、钾达到 68.5%，到灌浆期，磷、钾也分别达到全生育期的 97.9% 和 75.3%。如后期供氮过多，会使光合作用产物用于茎叶的蛋白质合成而减弱向籽粒运转，灌浆强度降低，灌浆期推迟，贪青晚熟；如果抽穗后氮素不足，则会使植株早衰，灌浆期缩短。

第二章　小麦生长发育与生态环境的关系

第一节　小麦生产的生态条件

土壤、水分、养分、温度、光照和空气是小麦生长发育必需的环境条件。想要小麦取得高产，一方面应因地制宜地选用优良品种，另一方面要通过田间管理创造适宜小麦生长发育的环境条件。小麦产量与降水、日照、气温等气象因素的关系中，影响小麦产量的主要因素是温度。

一、土壤

河南省的土壤类型较多，有褐土、潮土、砂姜黑土、棕壤、黄棕壤、沙土、盐碱土、水稻土等16类、42个亚类、134个土属。这些类型中除山地粗骨土外，其余类型都可以种植小麦。有农谚讲到"土是本，肥是劲，水是命"，这说明广大农民都非常重视创造一个适合小麦生长发育的丰产环境。一般认为，最适宜小麦生长的土壤，应具备熟土层厚、结构良好、有机质丰富、养分全面、氮磷平衡、保水保肥力强、通透性好等特点。此外，还必须土地平整，这样才能确保排灌自如，使小麦生长均匀一致，达到稳产高产的目的。

二、水分

水分在小麦的一生中起着十分重要的作用。据研究，一般小麦亩产 400 ~ 500 kg，耗水量为 300~350 m³，耗水系数为 700 左右，其中有 30% ~ 40% 是由地面蒸发掉的。冬小麦生育时期的需水有如下特点。

播种后至拔节前，植株小，温度低，地面蒸发量小，耗水量占全生育期耗水量的35%~40%，每亩日平均耗水量为 0.4 m³ 左右。在麦播期可能出现干旱，应注意干旱播种，保证全苗。

拔节到抽穗，进入旺盛生长时期，耗水量急剧上升。耗水量占总耗水量的 20%~25%，每亩日耗水量为 2.2~3.4 m³。此期是小麦需水的临界期，如果缺水会严重减产。豫南稻茬麦田春季雨水多的时候，要及时排水降渍。

抽穗到成熟，30 天左右，耗水量占总耗水量的 26%~42%，日耗水量比前一段略有增加，尤其是在抽穗前后，茎叶生长迅速，绿色面积达一生最大值，日耗水量约 4 m³。

三、养分

小麦生长发育所必需的营养元素有碳、氢、氧、氮、磷、钾、硫、钙、镁、铁、硼、锰、铜、锌、钼等。氮、磷、钾在小麦体内含量多，被称为"三要素"。中低产麦田一般缺氮少磷，小麦生长过程中必须注意补充，而钾元素除高产田、沙土地外，一般不缺。氮元素是构成蛋白质、叶绿素及各种酶和维生素不可缺少的成分。氮元素能够促进小麦茎叶和分蘖的生长，增加植株绿色面积，加强光合作用和营养物质的积累，所以合理增施氮肥能显著增产。磷元素是细胞核的重要成分之一。磷可以促进根系的发育，促使早分蘖，提高小麦抗旱、抗寒能力，还能加快灌浆过程，使小麦粒多、粒饱，提早成熟。钾元素能促进体内碳水化合物的形成和转化，提高小麦抗寒、抗旱和抗病能力，促进茎秆粗壮，提高抗倒伏能力，此外还能提高小麦的品质。因此在缺钾的土壤或高产田应重视钾肥的施用。其他元素不足时都会影响小麦的生长。缺钙会使根系生长停止，缺镁会造成生育期推迟，缺铁会使叶片失绿，缺硼会使生殖器官发育受阻，缺锌、铜、钼则导致植株矮小、白化甚至死亡，但小麦对这些元素的需要量比上述三要素少得多。每生产 100 kg 小麦籽粒，一般需吸收氮 3 kg、磷 1.5 kg、钾 2~4 kg。小麦在不同生育时期吸收养分的数量是不同的，一般情况是苗期的吸收量都比较少，返青以后吸收量逐渐增大，拔节到扬花期吸收最多，速度最快。钾在扬花以前吸收量达最大值，氮和磷在扬花以后还能继续吸收，直到成熟才达最大值。因此在生产上必须按照小麦的需肥规律合理施肥，才能提高施肥的经济效益。

四、温度

温度是小麦生长的重要条件之一。温度不仅直接影响小麦生长发育、分布和产量，还影响小麦的发育速度，从而影响小麦全生育期长短与各发育阶段出现的早晚。小麦病虫害的发生、发展也与温度有直接关系。小麦从播种到成熟，需积温 1 700~2 400 ℃·d，全省大部分地区在 1 900~2 500 ℃·d。全省年平均温度在 12~15 ℃，1 月平均气温均在 0 ℃以上（少数地区除外），冬季较温和，一般小麦在越冬期还可长 1 片叶子。春季温度回升较快，4 月气温除山区外均在 14 ℃以上。少数年份晚霜冻，小麦灌浆期高温多风、干热风为害，影响粒重。温度条件对小麦生长发育的影响可分前期（冬前和越冬）、中期（春季）和后期（初夏）。

（一）前期（播种到越冬）

从 9 月下旬至次年 2 月中旬，130~150 天。这一时期要有足够的底墒和积温，以保证小麦壮苗越冬。冬壮就是麦苗进入越冬时要达到三个指标：主茎 6~7 片叶，单株带蘖 5 个左右；春性品种幼穗分化进入二棱期，冬性品种进入二棱始期或单棱期；每亩总茎数为成穗数的 1.5~2 倍。冬前每长 1 片叶约需要积温 80 ℃·d，壮苗共需积温 560~640 ℃·d，年前积温高于 700 ℃·d 则会出现旺苗，低于 400 ℃·d 则难以形成壮苗。秋冬降温分为秋暖年、秋冷年、正常年。秋暖年播期推迟 3~5 天，秋冷年播期提早 5~7 天，晚播加大播量。小麦分蘖的最适温度为 13~18 ℃，15 ℃左右，小于 3 ℃分蘖则缓慢生长。一般冬至左右日平均气温稳定在 0 ℃开始进入越冬期，为 30~50 天，在越冬阶段处于下长上稍长。1月平均气温-2~2℃，0℃等温线通过嵩县、宜阳、洛阳、新郑、西华、郸城、鹿邑，0℃以北以半冬性品种为主，0℃以南为春性和半冬性混杂区。

（二）中期（返青到抽穗期）

从2月中旬至4月下旬，小麦营养器官和生殖器官进入迅速生长发育时期。春稳就是群体大而不过，麦苗壮而不旺，叶片长而不披，茎节稳健生长，苗脚干净利落。日平均气温3℃时麦苗开始返青，8~10℃开始拔节。升温慢，3~4月日平均气温8~12℃的天数较多时，可延长穗分化时间，有利于形成大穗，即春长成大穗。小麦拔节后当气温低于0℃，将受到不同程度的冻害。气温回升快，生育进程也快，天气变化剧烈，常有倒春寒，冻死幼穗，穗数、粒数减少，造成减产。

（三）后期（抽穗到成熟）

从4月下旬到6月初，小麦经历抽穗、开花、灌浆、成熟4个时期共35天左右。夏不早衰就是籽粒灌浆期仍保持3~4片绿叶，有较旺盛的生理功能，能够充分利用光能，促进灌浆良好。初夏气温急剧上升，常有30℃以上高温，造成灌浆时间短，千粒重降低。小麦灌浆最适宜温度为20~22℃，相对湿度为60%~80%。此期主要灾害性天气有干热风，易造成小麦植株水分代谢机能严重失调而导致千粒重下降。河南省5月气温日较差在9.4~13.4℃，从南到北递增，千粒重、蛋白质含量也随之递增。

五、日照

抽穗至成熟40天左右是攻籽的关键时期。日照时数与千粒重呈显著正相关。河南省大部分地区以晴朗天气为主，可照时数在13~14小时，只有淮南麦区常常阴雨连绵，光照不足，影响籽粒形成与灌浆，所以同一品种的小麦千粒重较黄河以北低4~7 g，且品质低劣，成为豫南多湿稻茬麦区限制因素之一。

六、降水

河南省小麦整个生育期正处在冬、春两季雨雪稀少时期，小麦生育期内降水量为130~350 mm（占全年的30%），大部分地区（除豫南外）气候干燥，耗水量大，加上河南属大陆性季风气候，降水季节分配不均，年际变化大，常造成小麦生育期干旱，绝大部分地区都不能满足小麦生长发育的需要，干旱是小麦生产限制主要因素之一。中高产田，小麦一生每亩耗水250~300 m³，折合田间降水为400~500 mm（包括播前底墒）。谚语"麦收八十三场雨"（是指农历八月播种雨、农历十月越冬雨和来年农历三月拔节雨）正反映了小麦需水规律，小麦处在播种、分蘖、拔节到孕穗时期，降水对小麦的生长影响很大。"麦收胎里富，种好是基础""想吃面，泥里串"，均是指底墒对小麦生长发育的重要性。

第二节　河南小麦生育特点

河南省地处中原，位于北纬31°21′~36°20′，秦岭、黄河、淮河横贯其中，居我国南北气候过渡地带，属于暖温带与亚热带的过渡类型，既有南方气候特点，又有北方气候特点，气候变幅大，年度之间不稳定，小麦生长在各地有明显的不同。秦岭淮河以北属黄淮平原中熟冬麦区，占全省麦播面积的90%以上；以南属长江中下游早中熟冬麦区，麦播面积较小。全省冬小麦一般在9月下旬至10月中下旬播种，5月底至6月初收获，全生育期220~260天。

小麦生育期间河南省总的气候特点是秋季温度适宜，中部和南部多数年份秋雨较多，麦田底墒充足，西部和北部播种期间降雨量年际间变幅较大；冬季少严寒，雨雪稀少；春季气温回升快，光照足，常遇春旱；入夏气温偏高，易受干热风危害。这些气候特点造就了河南省小麦分蘖期长、幼穗分化期长、籽粒灌浆期短，即"两长一短"的特点。

1. 分蘖期长　分蘖期从11月上旬到翌年2月下旬，共110~120天。越冬期平均气温基本保持在0℃以上，麦苗带绿过冬，继续缓慢生长，处于"下长上稍长"的阶段，正好是蹲苗期，有助于养分积累，使植株生长健壮，分蘖成穗率高。

2. 幼穗分化期长　在正常播种情况下，幼穗分化期从11月上旬（四叶期）到翌年4月下旬，共经历160~170天（比北京长40~50天，比南方长60~70天）。幼穗分化期长有利于促大穗粒多。一般增加穗粒数有两个途径：一个是增加小穗数，另一个是增加小穗的粒数。从河南省条件看，第一个途径更有利。因为小穗数分化的多少主要决定于单棱期和二棱期，这两个时期历时90~100天，而小花分化时间是从拔节前后开始，温度较高，发育较快。从护颖分化到花粉粒形成期，只占总分化时间的1/3左右，小花退化比较多，占小花总数的70%~80%，因而形成小穗数多，而小穗粒数少的性状。

3. 籽粒灌浆期短　小麦灌浆期正处于入夏气温迅速上升阶段，天气燥热。据测定，小麦灌浆期遇到连续3天30℃以上高温时，就会造成逼熟，引起秕粒，千粒重低。从开花到成熟35~38天，其中灌浆天数不过20天，比青藏高原地区缩短1/3还多。河南省小麦一般千粒重多在40g左右。

按照小麦大的生育阶段来划分，可分为出苗到拔节、拔节到抽穗、抽穗到成熟三个阶段。这三个阶段的时间比大致为6∶2∶2，小麦生长速度是前慢后快。

从河南省生态条件和小麦"两长一短"的特点来看，影响小麦产量进一步提高的限制因素，主要是在"一短"上，而且不利因素较多。因此，在选育品种上，要求单穗生产潜力比较大；稳产、抗逆性好；适当早熟，灌浆速度快。在栽培管理上，要重视中后期管理，克服"前紧中松后不管"的倾向，要把握住小麦三段生育特点与生态条件的关系，努力做到冬壮、春稳、夏不早衰的要求。不同阶段采取不同措施。幼苗阶段，适时播种，提高积温，促早发壮苗。拔节抽穗阶段，注意协调个体与群体的关系，改善光照条件，及时供给营养，加速分化大穗。抽穗成熟阶段，养根护叶，延长上部叶片功能期，充分利用光能，促进灌浆，提高千粒重。

　　多年来的实践证明，穗数形成的多少与这一年是暖冬年或冷冬年有很大关系，暖冬年的成穗数高，冷冬年的成穗数低。粒数形成的多少与春长或春短有很大关系，2~4月升温慢，气温适宜，穗大粒多。千粒重的高低与光照条件、干热风有密切关系。在小麦产量结构三因素中，穗数始终是主导因素，抓住了穗数就抓住了产量，就抓住了管理的主动权。在小麦生产管理上，要根据不同年份的自然气候特点和苗情特点，抓住主要矛盾，明确主攻方向，采取有力措施，才能做到事半功倍。不同年份的气候条件对小麦产量有不同影响，在小麦生产上必须克服固定不变、按统一模式办事的形而上学观点，要随时随地观察气候的变化情况，把握好小麦生长发育的特点，因地制宜，因时制宜，促控结合，辩证管理，克服自然条件所造成的不良影响，使小麦沿着预定目标生长，最终实现丰产丰收。

第三章 小麦苗情调查方法

第一节 苗情术语和定义

开展小麦苗情监测，对分析判断小麦生产形势，有针对性地开展田间管理工作，包括因苗分类指导、采取主动防灾减灾管理措施等均具有重要意义。本节对苗情监测的一些术语和定义进行重新解读和说明，以期实现行业的统一。

1. 苗情监测　在小麦出苗至拔节的关键生育时期，选择有代表性田块，对主茎叶龄、单株分蘖、单株次生根和总茎蘖数进行调查。

2. 生育时期　在小麦生长发育进程中，根据气候特征、植株器官形成顺序和便于掌握的明显特征，将小麦全生育期划分成若干个生育时期。一般包括播种期、出苗期、分蘖期、越冬期、返青期、起身期、拔节期、挑旗期、抽穗期、开花期、灌浆期、成熟期等。

（1）播种期：小麦田间播种的日期。

（2）出苗期：小麦的第一片真叶露出地表 2~3 cm 时为出苗，田间有 50% 以上麦苗达到出苗标准的日期为出苗期。

（3）分蘖期：田间有 50% 以上的植株第一分蘖露出叶鞘 2 cm 左右的日期为分蘖期。

（4）越冬期：冬前日平均气温稳定降至 3℃ 的日期为越冬期。

（5）返青期：次年春季气温回升时，麦苗叶片由暗绿色转为鲜绿色，部分心叶露头 1~2 cm 时为返青期。

（6）起身期：返青后全田 50% 以上的小麦植株由匍匐转为直立生长，年后第一个伸长的叶鞘显著拉长，其叶耳与年前最后一叶的叶耳的距离达 1.5 cm，基部第一节间开始微微伸长，但未伸出地面时为起身期。

（7）拔节期：全田 50% 以上主茎的第一节间露出地面 1.5~2 cm 时为拔节期。

（8）挑旗期：全田 50% 以上的旗叶完全伸出为挑旗期。

（9）抽穗期：全田 50% 以上麦穗由叶鞘中露出穗长的 1/2 时为抽穗期。

（10）开花期：全田 50% 以上麦穗中上部小花的内外颖张开、花丝伸长、花药外露时为开花期。

（11）灌浆期：籽粒刚开始沉积淀粉粒（灌浆），时间在开花后 10 天左右为灌浆期。

（12）成熟期：小麦的茎、叶、穗发黄，穗下茎轴略弯曲，胚乳呈蜡质状，籽粒开始变硬，基本达到原品种固有色泽为成熟期。

3. 基本苗　小麦分蘖以前，每亩的麦苗总株数为基本苗数，是小麦种植密度的重要指标。

4. 主茎叶龄　小麦主茎上已展开的叶片的数值，未出全的心叶用其露出部分的长度占上一叶片的比值表示。

5. 分蘖　小麦植株上的分枝叫分蘖。

6. 总茎蘖数　一定土地面积上小麦主茎和分蘖的总和。

7. 次生根　小麦在分蘖时，在适宜的条件下茎节上发生的根称为次生根，因其从茎节上发生，又称节根或次生不定根。

第二节　监测样点选择方法与要求

在小麦出苗-分蘖前、越冬期、返青期、拔节期测定小麦苗情。

一、监测样点选择方法

小麦苗情监测应尽可能做到定点监测。

（一）长势均匀田块样点选择方法

对长势均匀的单一田块调查时，先确定田块两条对角线的交点作为中心抽样点，再在两条对角线双向等距各选择 1 个样点（每个样点距田边 1 m 以上）取样，组成 5 个样本。定点调查样点较多时也可采用 3 点取样法。选择方法图示见图 3.1、图 3.2。

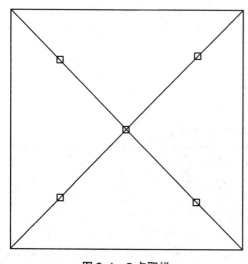

图 3.1　5 点取样

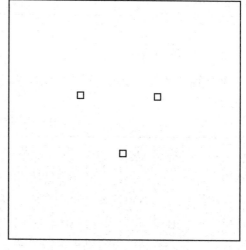

图 3.2　3 点取样

（二）长势不均匀田块样点选择方法

目测选取能代表总体大多数水平的样点进行调查，取点要避开缺苗断垄或生长特殊地段。

二、监测要求

定点监测从调查基本苗开始，样点做标记，固定不变，每次调查都在此点内进行，调查时要特别注意不要损伤样点内和周围小麦，尽量保持自然状态。在生产中一般要求各地选择有代表性的田块进行定点监测。进行小麦苗情监测必须详细记载田间基本情况与管理措施。

第三节　监测内容与方法

一、监测点基本情况

小麦播种后采取进村入户调查等方式监测，主要对监测点农户姓名、种植面积、土壤质地、前茬作物、种植品种、播期、播量、整地方式、秸秆处理方式、底肥使用等项目进行监测记载，作为苗情调查与分析的依据。监测点基本情况调查见表3.1。

表 3.1　监测点基本情况调查表

县（市、区）	乡、村	农户姓名	种植面积	土壤质地	前茬作物	种植品种	播期（月／日）	播量（kg／亩）	整地方式			秸秆处理方式		底肥使用情况			
									旋耕	深耕	免耕	还田	不还田	有机肥	纯N	P_2O_5	K_2O

二、生育时期

从播种到收获，按照不同生育时期特征记载出现时间，小麦生育时期记载见表3.2。

表 3.2　小麦生育时期记载表

监测点	品种	播种期（月／日）	出苗期（月／日）	分蘖期（月／日）	越冬期（月／日）	返青期（月／日）	起身期（月／日）	拔节期（月／日）	挑旗期（月／日）	抽穗期（月／日）	开花期（月／日）	灌浆期（月／日）	成熟期（月／日）	全生育期（日）

三、基本苗

小麦出苗后分蘖前对小麦基本苗进行监测。

（一）条播栽培方式调查与计算

小麦全苗后分蘖前，对小麦基本苗进行监测。按照监测样点选择方法，选取有代表性的样点。每点测量（$N+1$）行（$N=20$）之间的总长 L（m），由此计算平均行距 D（寸）$= L/N\times30$；每样点选择每米双行，查基本苗总数，求得每亩基本苗数。按下式计算：

$$基本苗（万/亩）=每米双行苗数/行距（寸）$$

（二）撒播栽培方式调查与计算

按照监测样点选择方法，选取有代表性的样点，用面积为 1 m^2 的圆形铁丝框（半径 0.565 m）或正方形铁丝框（边长 1 m），在取样点垂直向下随机套取。数出样点总基本苗数，计算每亩基本苗数。按下式计算：

$$基本苗（万/亩）=亩数\times每平方米苗数\times10^{-4}$$

四、总茎蘖数

（一）条播栽培方式调查与计算

每样点选取 1 米双行，查茎蘖总数，求得每亩总茎蘖数。按下式计算：

$$总茎蘖数（万/亩）=1米双行茎蘖数/行距（寸）$$

（二）撒播栽培方式调查与计算

数出样点茎蘖总数，求得每亩总茎蘖数。按下式计算：

$$总茎蘖数（万/亩）=亩数\times每平方米茎蘖数\times10^{-4}$$

五、主茎叶龄

在所选监测亩茎蘖数的样点附近，选择长势长相与样点相近麦田，连续挖 10 株，数单株主茎叶龄，求主茎叶龄平均数。

六、单株茎蘖数

在已挖取的 10 株小麦上数单株茎蘖数，求单株茎蘖平均数。

七、单株次生根

在已挖取的 10 株小麦上数单株次生根数，求单株次生根平均数。

八、其他表格

苗情调查的其他表格见表 3.3～3.5。

表 3.3 _____年河南省小麦_____（越冬、返青、拔节）期苗情调查汇总表

市（县）	麦播总面积（万亩）	一类苗						二类苗						三类苗						旺长苗					
		面积（万亩）	比例（%）	亩群体（万头）	分蘖（个）	次生根（条）	主茎叶龄（片）	面积（万亩）	比例（%）	亩群体（万头）	分蘖（个）	次生根（条）	主茎叶龄（片）	面积（万亩）	比例（%）	亩群体（万头）	分蘖（个）	次生根（条）	主茎叶龄（片）	面积（万亩）	比例（%）	亩群体（万头）	分蘖（个）	次生根（条）	主茎叶龄（片）

表 3.4 条播栽培方式小麦苗情田间调查原始记载表

样点	品种	亩茎蘖数（万个/亩）：	序号	主茎叶龄（片）	序号	主茎叶龄（片）	序号	次生根（条）	序号	次生根（条）	序号	单株茎蘖（个）	序号	单株茎蘖（个）
		21 行长（m）：	1		6		1		6		1		6	
		平均行距（m）：	2		7		2		7		2		7	
		平均行距（寸）：	3		8		3		8		3		8	
		双行茎蘖数（个/m）：	4		9		4		9		4		9	
			5		10		5		10		5		10	
		平均亩茎蘖数（万个）：	平均主茎叶龄：				平均单株次生根（条）：				平均单株茎蘖（个）：			

表 3.5　撒播栽培方式小麦苗情田间调查原始记载表

样点	品种	亩茎蘖数 (万个/亩)：	序号	主茎叶龄 (片)	序号	主茎叶龄 (片)	序号	次生根 (条)	序号	次生根 (条)	序号	单株茎蘖 (个)	序号	单株茎蘖 (个)
		茎蘖数 (个/m²)：	1		6		1		6		1		6	
			2		7		2		7		2		7	
			3		8		3		8		3		8	
			4		9		4		9		4		9	
			5		10		5		10		5		10	
		平均亩茎蘖数 (万个)：	平均主茎叶龄：				平均单株次生根（条）：				平均单株茎蘖（个）：			

第四章　小麦苗情诊断与分类标准

第一节　苗情诊断的依据

苗情诊断为分类指导、科学管理麦田提供依据。在具体进行苗情诊断时，一般要做到"三查二看"。"查基础"，包括土壤肥力的高低、整地的质量、播种期、播量、追肥浇水等管理情况；"查墒情"，包括土壤的含水量、小麦该时期对土壤水分的要求；"查气候"，包括温度、湿度、光照、风对小麦的影响等；"看长相"包括当时的株高、分蘖数、主茎叶片数、次生根数、幼穗分化情况等；"看群体"，包括每亩总头数、大小分蘖数、两极分化情况等。"三查"主要针对苗情变化的原因，"二看"主要观察麦苗的长相。两者结合起来才能既看到当前状况，又估计到发展趋势，摸清症结所在，提出较合理的管理意见。

苗情诊断，冬前一般以主茎叶片数、分蘖数、次生根数、每亩总头数等为依据；返青到拔节以群体的变化状况、春蘖的多少、叶色、次生根等为依据；拔节到孕穗以长势长相为依据，包括中部叶片的大小、叶色、叶形、分蘖两极分化的速度、株高日生长量等；抽穗期以群体光合生产率为依据，主要看亩穗数、穗层整齐度、绿叶数、病虫害、光合势等；灌浆期和成熟期应以灌浆强度、落黄状况为依据，主要包括株色、灌浆速度、茎秆韧性、粒重高低等。

第二节　各个生育期的形态诊断指标

俗话说："该管不该管，看看小麦的脸。""脸"就是指长相。据调查，在高产栽培条件下，各生育期的形态指标见下文。

一、冬前

（一）主要壮苗指标
1. 苗龄大　春性品种主茎6叶或6叶1心，弱冬性品种主茎7叶或7叶1心。
2. 分蘖多　一般春性品种4~5个蘖，加上主茎5~6个头，弱冬性品种6~7个，加上主茎7~8头，每亩群体60万~70万个，三叶蘖占总分蘖数的1/2以上。

3. 根系强　在正常情况下，每长1个分蘖，要长出1~3条次生根，越冬前单株应有次生根10条左右。

4. 叶色正绿　不过浓，也不发黄。

5. 长相敦实　株高20~25 cm，不超过27 cm，心叶下一叶与倒三叶的叶间距控制在1 cm以内。

6. 穗分化正常　春性品种达二棱初期，弱冬性品种为单棱期。

7. 干重较重　单株干重1.2 g左右，每亩干重150 kg左右。

怎样才能事先知道能否达到上述壮苗指标？通常主要用主茎叶片及分蘖出现之间的同伸关系来预测。如按同伸的数量关系式 $n-3$ 来计算，当主茎4片叶时，则应有1个分蘖，如下部不同时伸出分蘖，说明麦苗有转弱的可能，应采取相应促进措施；同样，如果当主茎第5叶出现时，按同伸规律，下部应有2个分蘖，但实际已有3个分蘖，说明麦苗有旺长的趋势，应立即采取措施加以控制。

（二）弱苗和旺苗

在生产上，往往由于种种原因，形成弱苗和旺苗。

1. 弱苗　冬前弱苗一般表现为苗龄小、分蘖少、叶色淡、根系弱、群体不足，由于形成弱苗的原因不同，其长相也表现出一定的差异。

（1）干旱弱苗：一般表现为分蘖出生缓慢，且易缺位，心叶短小，呈缩心状，叶色灰绿，干尖，中下部叶片由下而上逐渐枯黄，根少且较细，早晨叶尖露水很少。

（2）深播弱苗：由于播种太深，以致麦苗出土慢，地中茎长，叶鞘细长，叶片细瘦，长势很弱，分蘖迟迟不出，次生根少且发生晚。

（3）缺氮弱苗：氮肥缺乏，幼苗分蘖发生很慢，且大多形成缺位，叶片窄而色淡，下部叶片逐渐变黄，次生根少，长势弱。

（4）缺磷弱苗：植株瘦小，生长缓慢，分蘖少而出现迟，叶尖发紫而无光泽，尤以根系发育极差。

（5）缺钾弱苗：叶片卷曲，叶尖、叶缘发黄，严重时叶呈暗色，有白色条纹，多在高肥少钾麦田发生。

（6）板结弱苗：由于麦田板结通气不良，麦根弱且不下扎，叶片黄短，分蘖不能按时出现。多发生于雨后和多次浇水不及时中耕或不结合锄地的麦田。

（7）盐碱弱苗：麦苗出土难，生长慢，根系弱，新根少，叶片往往呈紫红色，全株呈小老苗状，严重时全株枯死。

（8）过湿弱苗：麦田过湿，透气不良，致使麦苗叶色淡，分蘖慢，严重时叶尖发白，根少且呈铁锈色。

（9）晚播弱苗：由于播种期较晚，积温不够，所以麦叶较小，但叶色正常，分蘖出现正常，只是生长缓慢，若遇低温，叶尖易发紫，形成一片红苗情。

（10）秸秆还田引起的弱苗：一般表现为叶色黄，长势弱，群众叫"光黄不长"，在田间大都呈点片状分布。这主要是由于秸秆在土里腐熟过程中，有毒物质磷化物、硫化物等大量产生的缘故。加之秸秆把上下层土壤隔开，形成翘空，水分不能随毛管作用上升到表层，致使根系生长不良，呈现出新根少、老根锈的状况。对这种苗，应及时施氮，调节土壤内的碳氮比，促进秸秆尽快腐熟，缺底墒时，还应结合浇水。

（11）根腐病弱苗：生长势弱，下部叶片发黄，在分蘖处的叶鞘上有菱形斑。

2. 旺苗　由于造成麦苗旺长的原因不同，其长相也不相同，常见的有以下几种。

（1）发生密播旺苗：由于播量过大，基本苗过多而引起麦苗徒长。植株细高，生长快，叶片下披，叶鞘细长，分蘖少，养分消耗量大，体内积累糖分少，很快就因营养不足而发黄。

（2）早播旺苗：由于播期过早，麦苗旺长，春性品种会提早拔节，耐寒力弱，冬季极易冻死，这种苗一般表现为植株高、分蘖少、根系差、头重脚轻，冬性品种则会分蘖过多、群体过大、易脱肥变衰。

（3）稀播旺苗：由于播量过少，或严重缺苗断垄，麦苗单株分蘖过多，小蘖提前出现，远远超过同伸叶的出现日期，根系发达，但植株不高。将来则穗层参差不齐，成熟不一。

（4）氮多旺苗：由于施用速效性肥料过多，特别是底肥或种肥量大，加之气温偏高，极易形成旺苗。其长相为：叶色黑绿，叶片下披，叶质较嫩，分蘖数多，分蘖的出现快于同伸叶的出现；株体较高，生长速度快，但根系发育较差，入土较浅。这种苗不但会造成过早封垄，田间郁蔽，而且体内积累糖分也少，生长与积累、发育都不协调，冬季极易被冻死，后期抗旱力差。

二、春季

春季是小麦一生中的重要转折时期，也是多成穗、长大穗的关键时刻，据河南省的经验，诊断春季苗情可在返青和拔节两个时期进行。

（一）返青到起身期

小麦返青以后，营养器官和生殖器官齐头并进，气候变化频繁，苗情变化也较剧烈。俗话说，"冬怕弱，春怕黄，拔节以后怕没墒"，可见返青期着重看叶色变化。在一般情况下，叶色变淡的原因主要是缺氮，或由于冬前旺长、年后转相所致。因此，一定要保持色不退黄，苗不转相。

1. 正常苗的合理长相

（1）返青早：2月上中旬返青，叶色由灰绿转为青绿色，不退黄，长势壮。

（2）春蘖少：每亩春分蘖应控制在10万个以内，不可过多，此时每亩总头数，春性品种为70万~80万个，弱冬性品种为80万~90万个。

（3）根发育好：单株有次生根20条左右，粗壮，色泽正常，吸收养分能力强，为多起头、少丢头奠定基础。

2. 常见弱苗长相

（1）缺肥弱苗：叶色淡，下部叶枯黄，长势弱，主要是由营养不足造成。

（2）晚播弱苗：由于播种较晚，积温不够，麦苗生长较弱，苗龄小，分蘖少。

（3）盐碱弱苗：春季正是返盐高峰，土壤溶液浓度过高，致使麦苗生长势弱，下部黄叶多，叶尖发紫或带盐斑。

（4）冬前旺长，年后转向弱苗：主要是缺乏营养，加之低温受冻，主茎大多被冻死，大蘖及大部分叶片枯黄，且新根少，长势衰退，应立即追肥浇水，促春蘖，扎新根，力争多起头。

（二）拔节到抽穗期

小麦起身以后，进入快速生长阶段，生长中心逐渐转向茎秆和幼穗，此时是培育壮秆、搭好高产骨架、育出大穗的关键时刻。这一时期既要保证各部器官正常发育，又要防止产生早衰和生长过猛，处理好春发与稳长的矛盾。

1. 壮苗的具体要求

（1）叶片生长正常，叶片长而不披，中部叶片长 20~25 cm，叶色青绿带黄，即适当落黄。

（2）底节稳健生长，基部第一、二节间伸长稳健，不过快，也不太慢，株高日生长量 3 月上中旬应控制在 1 cm 左右，3 月下旬以后日生长量达 2 cm 以上。

（3）两极分化明显，起身拔节期亩总头数 80 万左右，不增不减，处于稳定状态，且有少量喇叭口蘖出现，拔节后小蘖迅速死亡。

（4）株间通风透光，植株之间互不遮阴，阳光可以直接照射到地表。

2. 拔节期弱苗和旺苗的长相

（1）缺肥弱苗：拔节晚，茎部老叶依次向上黄枯，新叶发生慢，叶片短窄，直立上举，叶尖干枯，组织粗硬，叶色淡黄，叶鞘发锈，分蘖大量死亡，植株矮小，新根不长，老根带锈色。

（2）春发假壮苗：这类苗冬前长势弱，早春追肥过多，随气温上升而猛发，其表现是春生蘖多，大小蘖拉不开档次，两极分化期延迟，叶片细长，叶色鲜绿，群体偏大，植株基部拥挤，潮湿，通风透光差，部分叶片发黄，用手掰开植株，不能迅速恢复原状，拔起植株手拿基部苗不能直立。

（3）氮多旺苗：植株过高，长势猛，群体过大，两极分化慢，叶色黑绿发亮，叶片长而宽，长 25 cm 以上，宽 1.5 cm 以上，下披 2/3，底节间过长，茎秆细弱，茎壁薄而多汁，封垄过早，株间郁闭，下部有黄叶。

三、后期

抽穗到成熟，生长中心转入籽粒形成灌浆成熟期，此时，植株的同化产物大量往籽粒中转移积累，但往往由于环境条件和栽培技术的差异，植株表现出各种不同的长相。

（一）抽穗期的合理长相

1. 每亩成穗　大穗型品种 33 万~36 万穗，多穗型品种 40 万~45 万穗。

2. 穗层整齐　全田穗层非常整齐，二棚穗很少。

3. 无病虫害　此时小麦锈病、白粉病、赤霉病、黏虫、蚜虫、吸浆虫等相继发生，应及时防治，使小麦茎叶不受危害，保持较强的功能。

4. 植株青秀老健　全株应表现出青绿色，健壮、有弹性。

（二）灌浆成熟期的合理长相

1. 株色正常　长相活泛，接近成熟时穗、叶、茎逐渐转黄，上部功能叶片仍有活力。

2. 穗不炸芒　有芒品种成熟时，芒整齐斜向两侧不紊乱，正常变黄。

3. 茎富弹性　茎秆弹性好，不倒伏。

4. 穗大子饱　不孕小穗、小花少，千粒重高，穗形呈现本品种的固有形状。

（三）不正常的株型

在大田生产中，由于自然灾害的影响，加之春季管理不当以及一些品种本身熟相不好，往往出现许多不正常的株型，常见的有以下几种。

1. 青枯株型　主要是因为春季施用氮肥过多，施期偏晚，加上灌浆期干旱、高温、干热风等的影响，致使麦芒紊乱炸开，植株青枯而死，严重时植株远看呈青灰色，用手一捏，叶片干碎，严重影响籽粒灌浆。

2. 穗层不整齐株型　在肥力较高的麦田里，由于分蘖过多，冬前苗弱，春季又管理不善，造成麦穗高低、大小不整齐，成熟不一。

3. 雨淋枯死型　小麦在灌浆后期，根系生机逐渐衰退，此时一遇降雨，特别是雨后猛晴全株将很快枯死，呈灰白或灰褐色，对粒重影响很大。

4. 倒伏株型　由于春季管理不当，底节过长，负荷力差，抽穗后发生倒伏，倒伏后由于茎秆的背地性曲折，使穗节抬起，致使植株呈弯曲状，尤其是密度大、倒伏早、温差大的麦田，对产量影响很大。

5. 贪青晚熟株型　由于后期氮肥多，小蘖迟迟不死，苗脚不干净，株间湿度大，腐生菌大量繁殖，成熟时下部叶片黑色，上部叶片过大，黑绿色，大量含氮物质在茎叶内滞留，致使小麦延迟成熟，粒重下降。

6. 病虫危害株型　如黏虫猖獗，叶片被咬成锯齿状，蚜虫、病菌孢子布满整个茎叶，更有甚者，连麦穗、麦芒上都布满病菌，致使叶片过早枯死，严重影响光合产物的制造和积累，粒重大大下降。

第三节　苗情分类标准

根据调查研究和多年实践经验，将小麦苗情分为四类，即一类苗、二类苗、三类苗和旺长苗。一类苗为壮苗，三类苗为弱苗，二类苗介于一类苗和三类苗之间。确定苗情以群体茎蘖数和主茎叶龄为主要指标，单株茎蘖数和次生根为参考指标。具体分类标准见表4.1。

表4.1　河南省小麦苗情分类标准

生育时期	项目	一类苗		二类苗		三类苗		旺苗	
		半冬性	弱春性	半冬性	弱春性	半冬性	弱春性	半冬性	弱春性
越冬期	主茎叶龄	6~7	5~6	5~6	4~5	<5	<4	>7	>6
	单株茎蘖数	4~6	3~5	3~5	2~4	<3	<2	—	—

续表

生育时期	项目	一类苗		二类苗		三类苗		旺苗	
		半冬性	弱春性	半冬性	弱春性	半冬性	弱春性	半冬性	弱春性
越冬期	次生根（条）	7~9	5~7	5~7	3~5	<5	<3	—	—
	总茎蘖（万个/亩）	60~80	50~70	50~70	40~55	<50	<40	>80	>70
	长势长相	主茎叶片与分蘖出现相一致		主茎叶片与分蘖出现基本一致		分蘖出现晚，分蘖缺位多		分蘖出现速度快、长势强	
返青期	主茎叶龄	7~8	6~7	6~7	5~6	<6	<5	>8	>7
	单株茎蘖数（个）	5~7	4~6	4~6	3~5	<3	<3	—	—
	次生根（条）	8~10	6~8	6~8	5~7	<6	<5	—	—
	总茎蘖（万个/亩）	70~90	60~80	60~80	50~70	<60	<50	>90	>80
	长势长相	叶色青绿，春生分蘖较少，根系发达		叶片绿，春生分蘖少，根系发育较好		返青后叶色发黄，空心蘖出现早		叶色黑绿，春生分蘖多，长势旺	
拔节期	主茎叶龄	9~10	8~9	8~10	6~8	<8	<8	—	—
	单株茎蘖数（个）	5~7	4~6	4~6	3~5	<4	<3	—	—
	次生根（条）	13~18	12~14	10~12	9~11	<10	<9	—	—
	总茎蘖（万个/亩）	90~110	80~100	70~90	60~80	<70	<60	>110	>100
	长势长相	叶色青绿，叶片宽厚而不披，两极分化明显，底节稳健伸长		叶片长而不披，叶色绿，两极分化较好		叶片窄短，叶黄绿，两极分化早		叶片长而下披，叶色黑绿，两极分化不明显，底节伸长过快	

注：以群体茎蘖数和主茎叶龄为主要指标，单株茎蘖数和次生根为参考指标。

第五章　小麦灾情调查与诊断方法

第一节　冻害（冷害）调查与诊断

一、冻害类型

小麦生产的冻害类型主要有冬季冻害、早春冻害（倒春寒）和低温冷害。

（一）冬季受冻

冬季冻害是指小麦进入冬季后至越冬期间由于寒潮降温引起的冻害。寒潮是指 24 小时内温度下降 10 ℃以上，最低温度在 5 ℃以下。寒潮冻害程度决定于极端最低温度、低温持续时间、冷暖骤变等因素。

根据小麦受冻后的植株症状表现，冻害分为两类。第一类是严重冻害，即主茎和大分蘖冻死，心叶干枯，一般发生在已拔节的麦田；第二类是一般冻害，症状表现为叶片黄白干枯，但主茎和大蘖都没有冻死。第一类冻害会影响产量，第二类冻害对产量基本没有影响。

小麦遭受冬季冻害的原因主要有以下几个方面。

1. 品种因素　冬小麦品种分为冬性品种、半冬性品种和春性品种三类。各类品种播种后都需要通过春化发育阶段才能拔节、抽穗。各类品种通过春化阶段需要的天数和时间不同，冬性品种 0~3 ℃环境下 30~50 天可完成春化阶段，半冬性品种 0~7 ℃环境下 20~30 天可完成春化阶段，春性品种 0~12 ℃环境下 5~15 天可完成春化阶段。通过春化阶段之后的小麦抗寒性会大大降低。在生产中要求冬性品种适期内先播，春性品种或半冬性品种适期内后播，目的是避免春性或半冬性品种播种过早，冬前通过春化阶段而丧失抗冻性。

2. 气候因素　秋冬季节，气温逐渐降低，可以使小麦受到抗寒锻炼，抗寒性增强。如果在气温较高的天气情况下，突然降温至 0 ℃以下，小麦会遭受冻害。

3. 播期因素　播种期过早，会使春性品种在冬前通过春化阶段，抗寒性降低。

4. 播量因素　播种量过大、底施氮肥过多的地块一般冻害严重。播种量过大的麦田，麦苗簇集在一起，窜高旺长，麦苗细长，弱而不壮；底施氮肥过多的地块，氮肥催得麦苗叶长、株高旺长、弱而不壮。旺长的麦田小麦体内积累与贮存的糖分少，抗寒性降低，容易遭受冻害。

(二) 早春冻害 (倒春寒)

早春冻害是指小麦在过了立春，进入返青拔节这段时期，因寒潮到来地表温度降至 0 ℃以下，此时发生的霜冻危害。因为气候已逐渐转暖，又突然来寒潮，故也称为倒春寒。

小麦完成春化阶段发育后抗寒力降低，通过光照阶段后开始拔节，完全失去抗御 0 ℃以下低温的能力，当寒潮来临时，夜间晴朗无风，地表层温度骤降至 0 ℃以下，便会发生早春冻害。湖北、河南南部、安徽、江苏在 2 月下旬及 3、4 月出现最多。

发生早春冻害的麦田，叶片似开水浸泡过，经太阳光照射后便逐渐干枯。包在茎顶端的幼穗，其分生细胞对低温反应比叶细胞敏感。幼穗受冻程度根据其发育进程有所不同，一般来说，已进入雌雄蕊分化期 (拔节期) 的易受冻，幼穗萎缩变形，最后干枯；而处在小花分化期或二棱期 (起身期) 的幼穗，受冻后仍呈透明晶体状，未被冻死。这就是麦田中往往表现出主茎被冻死而分蘖未被冻死，或一个穗子部分受冻，以及晚播麦比早播麦冻害轻的缘故。

(三) 低温冷害

小麦生长进入孕穗阶段，因遭受 0 ℃以上低温发生的危害称为低温冷害。小麦拔节以后至孕穗挑旗阶段，处于含水量较多、组织幼嫩时期，抵抗低温的能力大大削弱。小麦幼穗发育至四分体形成期 (孕穗期) 前后，要求日平均气温在 10~15 ℃，此时对环境低温和水分缺乏极为敏感，尤其对低温特别敏感，若最低气温低于 5~6 ℃就会受害。

小麦产生低温冷害的特点是茎叶部分不受其害，无异常表现，受害部位是穗的全部或部分小穗，表现为延迟抽穗或抽出空颖白穗，或麦穗中部分小穗空瘪，仅有部分结实，严重影响产量。

二、冻害调查时间与分类标准

(一) 调查时间

冬季冻害、早春冻害 (倒春寒) 于冻害发生 5~7 天后调查，低温冷害于小麦开花-灌浆期调查。

(二) 分类标准

1. 一般冻害 (冷害)　小麦受冻后，如不及时管理，较正常年景产量减产 10%以上。一般为叶片受冻或主茎穗部分小穗受冻。

2. 中度冻害 (冷害)　小麦受冻后，如不及时管理，较正常年景产量减少 30%以上。一般为部分主茎和大分蘖冻死，中等分蘖和小分蘖生长正常。

3. 严重冻害 (冷害)　小麦受冻后，如不及时管理，较正常年景产量减少 70%以上。一般为主茎、大分蘖和中等分蘖冻死。

第二节　干旱调查与诊断

长期无降水或降水偏少，造成空气干燥，土壤缺水，从而使作物种子无法萌发出苗，或者使作物体内水分亏缺，影响正常生长发育，最终导致产量下降甚至绝收的现象。

一、干旱类型

冬小麦可能发生秋旱、冬旱、春旱、初夏旱、不同时期连旱等。

（一）秋旱

9~11 月为冬小麦播种、出苗、分蘖期，以旬降水量大于 30 mm 为透墒，否则为干旱。

（二）冬旱

小麦越冬期（12 月至翌年 2 月上旬）降水比常年显著偏少，也会发生干旱。

（三）春旱

自 2 月中旬以后，小麦开始返青，并逐渐进入起身、拔节、孕穗期，春季气温回升快、空气干燥、风大等使土壤蒸发加快，同时冬小麦返青后，生长加快，叶面积指数迅速增加，易发生春旱。

二、干旱调查时间和分类标准

（一）调查时间

小麦需水关键时期无有效降水超过 10 天以上。

（二）分类标准

1. 轻度干旱　小麦因旱成灾面积占 3%~15%。
2. 中度干旱　小麦因旱成灾面积占 16%~25%。
3. 严重干旱　小麦因旱成灾面积占 26%~35%。
4. 特大干旱　小麦因旱成灾面积占 35% 以上。

第三节　干热风调查与诊断

干热风对小麦的危害主要是因为气温高、湿度小、风速较大，使正在灌浆的麦株茎、叶蒸腾加剧，破坏了体内的水分平衡而引起植株死亡。受害小麦植株一般表现为叶片卷缩凋萎，由青变黄，逐渐变为灰白色，有的叶片撕裂下垂；麦芒炸开，呈灰白色；颖壳呈白色或灰绿色；籽粒干秕，千粒重明显下降。

一、干热风类型及其等级指标

小麦干热风主要分为高温低湿型、雨后青枯型、旱风型三种类型，采用日最高气温、14 时相对湿度和 14 时风速组合，结合 20 cm 土壤相对湿度可确定干热风指标。其中旱风型主要发生在新疆和西北黄土高原的多风地区，本文不再列出。

（一）高温低湿型

在小麦扬花灌浆过程中都可能发生，一般发生在小麦开花后 20 天左右至蜡熟期。干热风发生时温度突升，空气湿度骤降，并伴有较大的风速。发生时最高气温可达 32 ℃以上，甚至可达 37~38 ℃，相对湿度可降至 25%~35% 或 25% 以下，风速在 3~4 m/s或以上。小麦受害症状为干尖炸芒，呈灰白色或青灰色，造成小麦大面积干枯逼熟死亡，产量显著下降（表 5.1）。

表 5.1　高温低湿型干热风等级指标

区域	20 cm 土壤相对湿度（%）	轻度			中度			重度		
		日最高气温（℃）	14 时空气相对湿度（%）	14 时风速（m/s）	日最高气温（℃）	14 时空气相对湿度（%）	14 时风速（m/s）	日最高气温（℃）	14 时空气相对湿度（%）	14 时风速（m/s）
华北、黄淮及陕西关中	<60	≥31	≤30	≥3	≥32	≤25	≥3	≥35	≤25	≥3
	≥60	≥33	≤30	≥3	≥35	≤25	≥3	≥36	≤25	≥3

注：首先判定 20 cm 土壤相对湿度，其次应同时满足日最高气温、14 时空气相对湿度、14 时风速三个条件。20 cm 土壤相对湿度，首选当日 14 时，次选 8 时，再次选其他时段。

（二）雨后青枯型

雨后青枯型又称雨后热枯型或雨后枯熟型，一般发生在乳熟后期，即小麦成熟前 10 天左右。其主要特征是雨后猛晴，温度骤升，湿度剧降。一般雨后日最高气温升至 27 ℃以上，14 时相对湿度在 40% 左右，即能引起小麦青枯早熟。雨后气温回升越快，温度越高，青枯发生越早，危害越重（表 5.2）。

表 5.2　雨后青枯型干热风指标

区域	时段	天气背景	日最高气温（℃）	14 时空气相对湿度（%）	14 时风速（m/s）
北方麦区	小麦灌浆后期，成熟前 10 天以内	有 1 次小至中雨或中雨以上降水过程，雨后猛晴，温度骤升	≥30	≤40	≥3

注：雨后 3 天内有 1 天同时满足日最高气温、14 时空气相对湿度、14 时风速三个条件。

二、干热风天气过程等级指标

根据干热风指标判定干热风日，用干热风天气过程中出现的干热风日等级天数组合确定过程等级（表 5.3）。

表 5.3　天气过程等级指标

过程等级	过程干热风日等级天数（d）			备注
	轻度日	中度日	重度日	
轻度	1~5	—	—	
中度	6	1~2	—	满足其一
重度	≥7	≥3	≥1	满足其一
	≥3	≥2	—	同时满足

注：轻度等级中，不包括中度、重度干热风天气过程所包括的轻度干热风日。

三、干热风年型等级指标

根据干热风指标确定干热风日，用过程等级确定年型的轻、中、重度（表 5.4）。

表 5.4　年型等级指标

年型等级	过程等级次数（次）			备注	危害参考值
	轻度过程	中度过程	重度过程		
轻度	1~2	—	—		小麦千粒重一般下降 2~3 g，减产 5%~8%
中度	3	1		满足其一	小麦千粒重一般下降 3~4 g，减产 8%~10%
重度	≥4	≥2	≥1	满足其一	小麦千粒重一般下降 4 g 以上，减产 10% 以上
	≥2	≥1	—	同时满足	

第四节　倒伏调查与诊断

小麦倒伏以后，叶片茎秆相互重叠，严重影响光合作用的正常进行，植株输导组织遭到损伤，养分和水分运输受阻，正常代谢活动受到破坏，千粒重明显下降。下部叶片和部分单茎因得不到光照甚至出现死亡，影响穗数。小麦倒伏以后，引起穗少、粒秕、产量降低。据调查，一般小麦抽穗前后倒伏减产 30%~40%，灌浆期倒伏减产 10%~30%。

一、倒伏的原因

小麦倒伏有两种。一种属于根倒，这种倒伏是由于耕层过浅，整地、播种质量差等原因，根系发育不良，入土较浅，或因长期未灌水，后期灌水量过大，土壤湿软，又遇风雨等引起倒伏。根倒伏还与品种特性有关，有些品种易发生根倒伏。另一种是茎倒伏，即茎基部弯曲或折断。这种倒伏多发生在高产区。发生茎倒伏的原因，除了取决于品种特性外，常因播量大，肥水充足，特别是氮肥过多而控制不当，造成田间郁闭，使茎秆居间分生组织活动期延长，细胞伸长快，节间增长。据豫西北农林科技大学专家测定，倒伏的比未倒伏的第二节间长 1.2~2.6 cm，维管束数量少，秆壁薄而不坚实。又据河南农业大学专家测定，茎秆第一、二节间单位面积干物质重，倒伏的分别为 14.4 mg/cm^2 和 9.0 mg/cm^2，而未倒伏的第一、二节间干物质重分别为 18.4 mg/cm^2 和 14 mg/cm^2。倒伏植株各节单位面积干重，均低于未倒伏；基部节间长度，均大于未倒伏。在晚播情况下，由于第一、二节间伸长时，常处于温度较高的条件下，再加上春生分蘖多，两极分化慢，也常因光照不足，下部节间生长快，长度大，所以高肥田晚播小麦更易倒伏。

二、倒伏的早期诊断

小麦倒伏多发生在孕穗后，但其根源主要在前中期，因此，必须进行早期诊断，以便及时采取措施加以防止。

（一）根据群体动态及叶面积系数诊断

及时掌握群体发展动向，使其向合理的方向发展，对防止小麦倒伏具有重要意义。小麦生长发育过程中，要分期对群体发展状况进行调查。第一次在冬前分蘖旺盛期，即越冬前半月左右进行，以后可分别在越冬期、返青期、起身期、拔节期和拔节中期调查。

根据目前的品种特性、土壤肥力条件等，比较合理的群体动态为：春性大穗型品种，越冬前每亩总蘖数为 60 万个左右，越冬期为 70 万个左右，最高总蘖数为 80 万~90 万个；弱冬性品种略高于此指标。分蘖的高峰期应在起身期，春生分蘖应不超过 20%。拔节期开始两极分化，拔节中期（第三节开始伸长）每亩总蘖数：春性大穗型品种下降到 50 万个左右，弱冬性品种下降到 50 万~60 万个；孕穗期比成穗数略高，分别下降到 36 万个和 45 万个左右。这样群体有利于通风透光，既可获得足够的穗数，又不至于引起倒伏。

高产区比较合理的叶面积系数，大穗型品种越冬期 1.5 左右，起身期 3~4，孕穗期应达到 6~7。多穗型品种略高于此指标。

（二）根据发育时期诊断

小麦一般于拔节期无效分蘖开始死亡，因此，预测拔节期就可推断分蘖两极分化的开始，而从主茎叶片数（叶龄）又可判断拔节的时间。如郑引 1 号在正常播种情况下，主茎有 11~12 片叶，百农 3217、百泉 41 等有 13~14 片叶，小麦茎生叶多为 5 片（分为近根叶，即分蘖上生长的叶；茎生叶，即起身以后茎上生长的叶）。郑引 1 号的第 7 叶就是近根叶的最后一片叶，第 8 叶即为茎生叶。如果小麦越冬期主茎达到了 7 片叶，返青以后将很快进入拔节期，春季分蘖一般不会太多，管理措施应注意防止两极分化进程缓慢或推迟；如果越冬期小麦主茎为 5 片叶或更少，来春拔节期往往推迟，随着气温的回升，必然出现分蘖的第二个旺盛期，特别在春季温度回升慢的情况下，将会有大量春蘖滋生，两极分化缓慢。因此，对冬前叶龄小的麦田，在管理措施上，越冬、早春还应防止追肥过量，以免春蘖过多，小蘖消亡迟缓，造成田间郁蔽。

（三）根据叶片生长速度诊断

叶片生长速度是长势强弱的重要标志。起身以后的新生叶已是茎生叶的下、中部叶片，这些叶片的大小，直接关系到田间透光条件，影响下部节间的伸长与充实程度。因此，小麦返青后，应观测叶片的生长速度，掌握不同苗情叶片平均日增长量，对生长量大的应及早采取控制措施。据河南农业大学测定，壮苗第 8 叶片日平均生长量为 0.9~1 cm，第 9、10 叶片日平均生长量为 2 cm。

另外，还可从心叶和心下叶的大小差别来判断叶片的生长速度，壮苗心叶在其临近下叶基本展开或将要展开时出现，而旺苗的心叶在其临近下位叶尚未展开时即开始出现。这表明心叶生长过快，长势强；弱苗则相反。

叶片的生长速度和温度有密切关系，由于春季气温变化较大，在测定叶片日增长量时，应测定叶片 2~5 天的日平均生长量。不同品种和环境条件，叶片适宜的生长量也不同。在生产实践中，应根据各地条件，探索出小麦叶片的安全生长速度。

（四）根据叶色变化诊断

小麦返青后的新生叶片是青绿或深绿色，拔节开始，生长速度加快，叶面积增大，茎秆也迅速伸长，需要养分多，这是小麦生育的转折时期。生长正常的麦苗，这时也往往表现出类似缺肥的症状，叶色呈青绿色或稍变黄色，这是正常现象，不应急于追施大量肥料。如果在拔节期叶色仍然深绿发亮，这样的麦田两极分化往往推迟，群体大，叶片宽，田间透光不良，容易造成倒伏，应及时采取控制措施。

三、倒伏调查时间与分类标准

（一）调查时间

大风天气出现以后。

（二）分类标准

按倒伏面积占全田面积的百分数和倾斜度记载。

1. 一级倒伏（"伏"）　植株平铺地面。
2. 二级倒伏（"倒"）　植株倾斜，与地面夹角在 0°~45°。
3. 三级倒伏（"倾"）　植株倾斜，与地面夹角在 45°~75°。

第六章 不同时期因苗管理技术

实现小麦增产稳收，除打好种麦基础外，还必须加强田间管理，深入探索小麦生长发育规律和环境条件的关系，掌握各个时期的苗情和发展动向，分析问题，明确主攻方向，采取相应的促控措施，使苗情朝着预期的方向发展转化，这是进行科学管理的中心任务。

河南省各地小麦生育期一般为 220～240 天，小麦在生长发育过程中，往往会出现各种类型的苗情变化。麦田管理的好坏，常常左右着丰歉的局势。因此，在管理措施上必须消除对苗情不加区别的一刀切现象，以及冬前不管、早春猛促、后期放松等弊端，要根据不同地区的生态条件，因时、因地制宜，及时采取有效措施，在小麦播种结束后，"管"字上马，环环紧扣，一抓到底，才能达到预期的增产目标。

小麦的生长发育过程，按其生物学特性，一般可划分为三个时期：前期（苗期），即从出苗到起身这段时期，以营养器官生长为主，河南省小麦在这一时期生殖器官的发育一般在年前分蘖时开始；中期（器官建成期），即从起身到抽穗这段时期，营养器官和生殖器官同时旺盛生长和基本建成；后期（经济产量形成期），即从抽穗到成熟这段时期，以生殖生长为主的籽粒形成。

按照农事季节，我省习惯上把小麦生产过程划分为冬前从出苗到越冬、春季从返青到抽穗和后期从开花到成熟三个阶段，以便于分期进行田间管理。小麦生育的三个阶段是一个密切联系的整体，前一阶段是后一阶段的基础，后一阶段是前一阶段的发展。

在田间管理过程中，还应树立简化栽培、节约栽培的观点，要按照小麦生长发育规律，准确掌握不同类型麦田施肥、灌水等作业的关键时期，使物资充分利用，经济效益最大化；简化田间管理作业次数，减少某些不必要的管理环节。

第一节 前期阶段管理

一、冬前管理

（一）冬前小麦的生育特点和主攻目标

1. 生育特点　河南省小麦从出苗到来年 3 月中下旬拔节之前，其生育特点是以生根、长叶和滋生分蘖等营养器官的创建为主。从出苗到越冬前河南省北部到 12 月中旬末、中南部到 12 月底，有一段旺盛生长时期，也是分蘖第一个旺盛期。河南省多年生产实践证明，充分利用这段时间的积温，对实现小麦早发壮苗、奠定来年丰收基础具有重要意义。

从性器官的发育进程看，在适期播种条件下，一般到 10 月末或 11 月上旬，茎生长锥都要进入伸长期；从植株外观看，春性品种三叶一心，弱冬性品种四叶一心，冬性较强的品种则为五叶一心。越冬前性器官的发育一般可分别达到二棱期、单棱期和伸长期。

2. 主攻目标　在全苗匀苗的基础上，促根、增蘖，促弱、控旺，培育壮苗，协调幼苗生长与养分贮备的关系，保证麦苗安全越冬，为来年增穗增粒打好基础。

（二）冬前壮苗的标准及其意义

1. 冬前壮苗的标准　冬前壮苗的标准因肥力水平和品种类型而有所不同。高肥水麦田标准高，中等肥力麦田略低。弱冬性品种标准高，弱春性品种标准略低。

2. 实现冬前壮苗的意义　首先可为来年多成穗奠定基础。冬前形成壮苗，根系发达，分蘖苗壮，制造和贮藏养分多，抗逆力强，不但利于安全越冬，而且成穗率高；弱苗根稀蘖少，制造和贮藏的营养物质少；旺苗的营养物质大多消耗于根、叶、蘖等营养体的生长上，养分贮藏也较少，这些都不利于越冬，而且成穗率低。壮苗叶鞘和分蘖节贮存的糖分比旺苗和弱苗都高。

凡成穗率高的分蘖，大多是冬前出现的低位大蘖。旱薄地，由于地力瘠薄，有效分蘖截止期更早，能成穗的分蘖大多出现在 11 月上旬，中旬出现的分蘖成穗率已经很低，进入下旬的分蘖基本不成穗。小麦幼穗开始分化的时间，依主茎和分蘖出现的早晚有一定的顺序性，早发的分蘖，幼穗分化开始时间早，经历的时间长，形成的小穗数也多，为增加穗粒数提供了前提条件。冬前抓住壮苗，返青适当控制，则拔节后茎秆粗壮，叶片挺举，穗层整齐，苗脚干净利落，不仅有利于防止倒伏，还能改善中后期株间透光条件，提高光合生产率，增加粒重。

综上所述，实现早发壮苗，由于提高了成穗率、大穗率和穗粒重，就为争取头多、穗大、粒饱奠定了基础，这是一条最重要的基本经验。

（三）实现冬前壮苗的主要管理措施

冬前苗期管理总的原则是以肥水为中心，早管促早发，及早做好弱苗的转化工作，控制旺苗，保持壮苗稳健生长，促使全部麦田长势平衡发展。麦田管理必须准确判断苗情并掌握其发展趋势，根据播种基础（土壤肥力、整地质量、播期、播量等）、土壤墒情、气温高低，观察麦苗长相，分类排队，区别对待，科学管理。

1. 查苗补种，疏苗移栽　小麦播种后，出苗前如遇雨，即使是短时阵雨，也常使地表板结，形成一层硬壳，影响出苗。必须趁表土半湿半干时，抓紧浅锄，疏松表土，防止过深伤芽，以利齐苗全苗。

小麦出苗后，常因种种原因造成缺苗断垄现象，一般缺苗常达 10%～20%，严重的可达 30% 以上。造成缺苗断垄的原因有很多，如耕作粗放，坷垃多；黄墒抢种，底墒不足；播种深浅不一，有漏播跳播现象；种子质量差，出苗率低；地下虫害；种子或土壤处理不当，发生药害；土壤含盐量过高等。

对缺苗断垄的麦田都应及时采取措施，加以补救，可采取以下方法。

（1）补种：出苗后，应及早检查，对 10 cm 以上的严重缺苗断垄地段，用小锄或开沟器开沟，补种同一品种的种子，墒差时顺沟少量浇水，种后盖土踏实。为了促使尽早出苗，可将种子用 20 ℃温水或冷水浸泡 3~5 小时，捞出保持湿润，待种子开始萌动时再进行补种。补种的时间越早越好，一般应在出苗后 3~5 天补齐。

（2）疏苗移栽：对已经分蘖仍有缺苗的地段，最好从分蘖后到大冻前进行匀苗移栽，就地疏稠补稀，边移边栽，去弱留壮。移栽时覆土深度以上不压心、下不露白为标准。栽后随手压实，保证成活。缺墒时移栽后及时浇水，有条件的补施少量速效肥料，以利成活和迅速生长。

2. 因苗制宜，分类管理　小麦三叶期是由异养转向自养的阶段，三叶期以前主要靠种子胚乳供应养分；三叶期以后，胚乳已基本耗尽，转而依靠自身绿色部分进行光合作用制造营养物质，这时伴随着分蘖幼芽的生长，次生根也开始出现，这是促根增蘖的重要时期。

（1）弱苗管理：由于地力、墒情不足而形成的弱苗，应优先管理，要抓住冬前温度高、有利分蘖扎根的时机，当进入分蘖期以后，先追肥后浇水，及时中耕松土，对促根增蘖、由弱转壮有显著作用。

1）晚播麦田，形成弱苗的原因主要是积温不足，这时苗小根短，肥水消耗少，冬前一般不宜追肥浇水，以免降低地温，影响发苗。可浅锄松土，增温保墒，把肥水运用的重点放在来年起身期。

2）下湿地、稻茬麦以及上浸地麦田的晚播苗，由于地下水位较高或存有潜水，土壤过湿，通透性差，致使新根迟迟不发，甚至发生死苗。这类麦田除搞好田间排水工程外，还应加强中耕松土，有促苗早发的积极效果。

3）对整地质量差、地虚坷垃多、墒情不足的晚播弱苗，冬季和早春都可进行镇压，压后浅锄，以提墒保墒。

4）旱地麦田近冬期管理是增产的主要环节，可先行追肥，然后碾压提墒、浅锄保墒，这样还可利用冬季雨雪发挥肥效。封冻前碾压是一项很重要的作业，除提墒保墒外，具有踏实土壤、防止风蚀、增温保苗的明显效果。经过碾压，不同层次土壤含水量均有所提高，冬季一次碾压，直到来年春季 2 月下旬仍有一定保墒效果。

5）河南省中南部和西南部的砂姜黑土，质地黏重，麦播前常因宜耕期短而整地粗放，在冬前也应碾压 1~2 次，防止土壤裂缝和气态水的散失。整地不实的旱地麦田宜碾不宜耱，耱地冬季容易死苗。

碾压要看天、看地，一般早晨不碾中午碾，以防损伤麦苗；雨天不碾晴天碾；地湿不碾地干碾，避免土壤板结。碾压后结合中耕效果更好

（2）壮苗的管理：由于播种基础不同，壮苗也有多种情况。

1）对肥力基础稍差，但底墒充足的麦田，还可趁墒适量追施速效肥料，以防脱肥变黄，促苗一壮到底。

2）对肥力、墒情都不足，只是由于适时早播、生长尚属正常的麦田，也要防止由壮变弱，应及早施肥浇水。

3）对底肥足、墒情好、适时播种的麦田，凡能达到壮苗标准的，一般在冬前苗期可不追肥，但要中耕保墒。如出苗后长期干旱，则应普浇一次分蘖盘根水，有利于分蘖扎根。

4）对抢耕抢种、土壤不实的地块，应浇水踏实土壤，使根系与土壤密接，或实行冬前碾压，防止土壤空虚透风，造成越冬和早春死苗。

5）对长势不匀的麦田，结合浇分蘖水，点片补施追肥，力求生长一致。

追肥浇水一定要结合中耕，疏松表土。如浇而不锄，一不利于保蓄水分；二不利于土壤疏松通气、地温提高、促苗早发；三不利于消灭田间杂草。因此，在整个管理作业中，浇水和中耕一般应成为两个不可分割的环节。

（3）旺苗的管理：有旺长现象的麦田，结合深中耕，还可碾压，以抑制主茎和大蘖徒长，控旺转壮；但下湿地和盐碱地不宜碾压，以免造成土壤板结和返盐。

1）由于土壤肥力基础高，底肥施用量大，墒情充足，播种期偏早等形成生长过旺的麦田，麦苗叶片肥大，分蘖滋生过快。一般到11月下旬，每亩总蘖数即可达到或超过指标的要求，如果任其自然发展，在年前总蘖数常可达到百万以上，群体密度过大。为此，当冬前每亩群体大穗型品种总蘖数达到50万~60万个时，对高肥水麦田就应采取果断措施，把群体控制在合理指标范围以内，控制的方法，可用耘锄或耧深耩，或采取深锄断根，深度6.6~10 cm。控后如果长势仍然很旺，隔7~10天再进行一次。由于深锄切断了部分根系，影响小麦植株对养分的吸收，使植株体内养分含量显著降低，旺长就会受到抑制。

2）由于播种过密而造成的群体过大，根系发育不良，一般不宜深中耕。

3）由于播种期偏早、播量偏大形成的徒长苗，冬前要及早疏间剔苗，并进行碾压，对疏苗后可能出现脱肥的麦田，应酌情追肥浇水，促使健壮生长。

总的来说，对旺苗必须在冬前即着手控制；否则，如冬前过旺，即使返青期控制水肥，也很难收到预期效果，春性品种还易引起冬季和早春受冻死苗。

3. 适时冬灌，春旱冬防，保苗越冬　我省气候一般冬春干旱多风，浇好越冬水是保证小麦壮苗越冬的一项重要措施。这项措施有如下优点，由于水的热容量较大，充足的土壤水分可缓和地温的剧烈变化，防止冻害死苗。对我省麦田来说，其积极意义更在于促进越冬期的根系发育，巩固健壮分蘖，有利于幼穗分化，同时起到冬水春用、防止春旱的作用。此外，还可踏实土壤，粉碎坷垃，消灭越冬害虫，因而具有明显的增产作用。据河南省多处试验，合理冬灌平均增产11%，最高可达25.8%，特别是冬旱年份，更应及时组织大面积冬灌。

多年实践证明，如冬灌不当，也会引起死苗现象。致死的基本原因是低温影响，但和播前整地不实也有很大关系，机耕后未经耙实、镇压或未浇踏壤水的地块，在低温条件下灌水更易加重冻害。据新乡农田灌溉研究所调查，在冬冷年份，如日平均气温下降到-1.6~0℃时，冬灌以后土壤表层结冰，因土壤冻融胀缩的机械损伤会造成凌抬死苗。因此，在进行冬灌时，应掌握好以下几个原则。

（1）温度：适于冬灌的温度指标是日平均气温3℃以上，考虑到水源、水期及灌水设备等因素，可从日平均气温5℃左右开始；如气温降至3℃以下，特别是接近0℃

时，冬灌后在一定时期内会使地温更低（下降 1~3 ℃，持续 10 天以上）。当地温太低时，土质黏重的麦田，地面积水结成冰壳，会引起麦苗窒息死亡，但多数情况是由于土壤表层水分饱和，因冻融关系而产生的挤压使分蘖节处受害，甚至把麦苗掀起断根，形成凌抬死苗现象。从各地多年气温资料分析，冬灌的时期一般以 11 月下旬至 12 月上旬较为适宜，掌握夜冻昼消，浇完为好。秋冬干旱年份，在此范围内，其水分效应约可维持到来年 3 月中下旬。高产麦田为了控制群体，一般麦田早春如不太旱，可不浇返青水。

（2）墒情：5~20 cm 的土壤含水量，沙土低于 13%~14%、壤土低于 16%~17%、黏土低于 18%~19% 时可以冬灌。如高于上述指标可缓灌或不灌。地下水位高的下湿地、上浸地和地寒土湿的稻茬麦田，冬灌后常使麦苗发红、发黄、停滞不长甚至烂根、死苗，则不必冬灌。

（3）苗情：对叶少根少，没有分蘖或分蘖很少的弱苗，尤其是晚播苗，为了利用冬春间歇回暖的有效积温，促进生育，且避免冬灌后加重冻害而引起死苗，此类情况均可不灌。对群体大、长势猛的旺苗，为了控制其长势，如墒情不是过缺，可推迟冬灌或不灌。

冬灌要防止大水漫灌，造成冲、压、淤、淹，损伤麦苗，在引黄灌区和渠灌区尤其值得注意。灌后一定要适时中耕松土，防止地面龟裂透风、伤根死苗。要保证锄地质量，防止用耧深耙伤根埋苗。

二、越冬期管理

（一）越冬期小麦的生育特点和主攻目标

我省小麦处于北方冬麦区和南方冬麦区的接缘过渡地带，冬季比较温和，麦苗一般可以安全越冬。小麦在越冬期间，无论叶片、分蘖或根系，均有不同程度增长，冷冬年主茎和大蘖一般增生 1 个叶片，暖冬年则可增生 2 片。

据河南省农业科学院小麦研究所测定，主茎与 Ⅱ、Ⅲ 蘖的叶片日生长量：当日平均气温在 0 ℃ 以下时，日增长 0.12 cm；日平均气温 2~4 ℃，日增长 0.3 cm 左右。越冬期分蘖在中低产水平，一般增加 15%~20%，如肥水条件优越，可增加 20%~30%，稀播情况下甚至可达 50% 左右；次生根数增加 30%~50% 以至 100%；经过越冬，到来年返青时，根系下扎深度可达 120 cm，半径较冬前扩展 1/3。

在幼穗发育进程上，春性品种以二棱期，冬性品种以单棱期越冬；多数弱冬性品种在越冬阶段从单棱期过渡到二棱期。

根据上述生育特点，小麦越冬期间管理的主攻目标是在取得全苗和冬前早发壮苗的基础上，保证协调地上部和地下部的生长，促根系增多扎深，保大蘖，敦实苗壮，植株稳健生长。在群体达到合理指标时，适当控制晚生的小分蘖，以使植株整齐和提高成穗率。

对各类弱苗和徒长旺苗，继续采取措施，促弱控旺，使其向壮苗发展转化，力争整个麦田长势均衡，整齐一致，并防止死苗，实现麦苗安全越冬，为中后期健壮生育创造条件。

（二）越冬期的主要管理措施

1. 追施冬肥，酌情灌水

（1）追施腐熟厩肥：播前整地时，由于雨涝、腾茬等原因，未施底肥或施用量过少的麦田，冬季可追施腐熟厩肥，兼有保温防冻和供给营养的作用。

（2）追施人粪尿：河南省不少地方素有冬季早春追施人粪尿的习惯，效果良好。在施用方法上，采取穴施或条施，效果远较撒施为好。

（3）晚冬灌：越冬期间，如长期干旱，土壤缺墒是主要矛盾，只要麦田尚无冻土，水分能够下渗，晚冬灌对小麦也有好处。这时灌水要十分审慎，应趁温暖天气中午进行，且水量不能过大。

2. 严禁牲畜啃青　小麦叶片是进行光合作用、制造有机物的主要器官，放牧啃青必然使绿色体大量减少，严重影响营养物质的制造和积累。冬季啃青之后，虽来春仍可萌发，但每亩穗数大量减少，而且茎秆细弱，成熟期推迟，每穗粒数和千粒重明显下降，造成减产。啃青次数越多，减产越严重。据许昌市农业科学研究所试验，牲畜啃青可使小麦减产 6.7%～21.7%。因此，应采取有效措施，加强看管监督，严加禁止啃青，并断绝田间小路，防止人畜践踏麦苗，做到保种保收。

第二节　中期阶段管理

小麦从起身到抽穗为生长中期。此期茎生叶、节间、根等营养器官迅速生长并建成，分蘖数达到高峰，并开始两极分化，小分蘖停止生长，并逐渐枯萎，大分蘖加速生长与主茎接近一致，成为有效分蘖。抽穗期两极分化结束，每亩成穗数趋于稳定。穗分化由护颖分化到花粉粒基本形成，但每穗粒数还不能完全确定。这一阶段，是小花分化和退化的高峰期，因此，是形成每亩穗数和穗粒数的关键时期，需肥需水最多，最为敏感。麦田管理的措施在于保证多成穗、成大穗，并为形成饱满的籽粒打下基础。

一、起身期管理

（一）起身期小麦生育特点和主攻目标

河南省小麦起身期多在 2 月下旬至 3 月上中旬。日平均温度达 5 ℃左右。小麦基部节间开始伸长，春生第二叶的叶鞘也开始上长，冬性、弱冬性品种由匍匐状态变为直立，因此，称为起身期（生物学拔节）。此时小麦分蘖数已达高峰期，新生蘖不再出现。

从起身开始，先是晚期出现的小分蘖因光照和营养不足，心叶停止生长，不再出现新的叶片。这表明生长点已开始萎缩，一部分小分蘖到拔节时首先形成空心蘖或称喇叭蘖，之后一部分中等蘖也陆续出现类似状况，只是时间稍晚些。到小麦拔节时，大小分蘖之间的差距已比较明显。

实质上起身期小麦分蘖已处于两极分化的前期，拔节后每个分蘖的存留与死亡，与此阶段的生长发育状况关系密切。因此，促进和延缓两极分化，保证合理穗数的管理措施，应在起身期实施才能奏效。幼穗分化由二棱期进入护颖分化期，此期管理措施和结实小穗有很大关系。

起身期管理的主攻目标是合理控制两极分化，保证适宜的成穗数；促进小花分化，为增粒奠定基础。

（二）起身期管理的主要措施

小麦从起身到拔节期约有 10 天，时间很短，麦苗生长快、变化大。因此在管理上必须抓住有利时机，准确及时地根据麦苗长势合理运用肥水。

1. 壮苗的管理　小麦起身时，一般成穗数最高的群体能达到预计成穗数的 2~2.5 倍较为适宜。如大穗型品种，高产田每亩达 80 万个左右，中产田每亩达 70 万个左右；多穗型品种，高产田每亩达 90 万~100 万个，中产田每亩 70 万~80 万个。叶面积系数 3~3.5，叶片长宽适中，宽叶型品种上部展开叶略有下披，窄叶型品种叶片挺直，叶色深绿，主茎出现的心叶长度相当于临近展开叶的 1/2 以上。小分蘖只是心叶生长缓慢，并没有空心蘖出现。单株次生根在 20 条以上，根尖呈乳白色，有许多新生的幼嫩白根，根毛上附有大量土粒。具备上述特征就属于壮苗。

此类苗情的管理，应参照前期施肥、浇水、土质状况而定。一般黏土地保肥力强，如苗色较深，且已经过冬灌，可等到拔节时再根据墒情决定浇水与否。否则，在起身时应及时浇水，浇后中耕松土。沙壤土地保水保肥力较差，如果前期追肥不多，苗色较淡，一般均应及时追肥、浇水，防止拔节期脱肥，降低成穗率。

2. 弱苗的管理　起身期每亩总蘖数在 70 万个以下，较早即有空心蘖出现，株高日长量少于 0.5 cm，叶色淡薄，主茎心叶露出长度小于临近展开的 1/2，且次生根很少，就属弱苗。

应查明形成此类麦苗的原因，及时追肥浇水，延缓两极分化，以起到保蘖增穗的作用；否则一旦空心蘖大量出现后，即使施肥浇水也很难保证足够的穗数。生产试验证明，起身期是一般中低产麦田春季管理的主要时期，春季氮肥施用时期试验，均以起身期施用效果最好。

3. 旺苗的管理　高产田起身期每亩群体超过预计成穗数的 3 倍以上，叶色浓绿，心叶生长很快，有两片未展开叶同时生长，叶面积系数达 3.5 以上，株高日增量超过 1 cm，上部展开叶有 1/2 下披，这就属于旺长趋势的表现。

此类麦田，主要矛盾是防止过早郁蔽，以免引起倒伏；应调整碳氮比，提高光合生产率，争取穗大粒多。因此，这类麦田在起身期要控制肥水，抑制旺长。不适当的施肥或浇水，不仅不能增产，还可能造成倒伏减产。必要时还需深锄断根，抑制其吸收能力，加速两极分化，促使小分蘖早死，苗脚利落，同时底部节间和中部叶片也有明显缩短。

4. 其他类型的麦田管理　河南省南部和西南部的稻麦区和黑土上浸地，因排水不良，春季常易发生渍害。因此在小麦起身期，除了根据苗情决定是否追肥外，还必须清好三沟（厢沟、腰沟、边沟），排涝防渍。对这类麦田，要做好及时排明水渗暗水，并中耕散墒，这就是常说的"管麦先管沟"。

小麦起身后，地面若稍有积水或者湿度过大，轻者叶片发黄，重者麦苗渍死。农谚有"寸麦不怕尺水，尺麦就怕寸水"，说明小麦起身后最怕田间积水。

二、拔节期管理

（一）拔节期小麦生育特点和主攻目标

3月中下旬，全省气温由南向北逐渐回升至9℃以上，小麦节间明显伸长，当田间有50%的单茎节间伸出地表1 cm以上时，即称为拔节期。

小麦拔节后的生长特点是结实器官加速分化，穗分化经过雌雄蕊原基分化、药隔形成、四分体形成等几个时期。拔节后光合产物的绝大部分供给本蘖需用，所以拔节后凡不具备自养能力的弱小分蘖迅速死亡，拔节后20天左右，是无效分蘖死亡的盛期。此期尽管分蘖迅速减少，但植株的体积和干物重成倍增加，小麦由拔节至抽穗期干物重增加1.5倍以上，植株体积增加3倍以上，在水肥地次生根还要增加1倍左右，因而需水需肥量急剧增加，对水肥非常敏感。

拔节期管理措施得当与否，对基部节间的长短，中部叶片的大小，两极分化的快慢，每亩穗数和每穗粒数的多少，以及防止倒伏和后期早衰都有很大影响。

此期管理的主攻目标是促使茎、叶健壮生长，根系发达，稳定穗数，增加粒数。

（二）拔节期管理的主要措施

拔节期的管理措施，一方面要根据当时苗情，另一方面还要考虑起身期的管理基础。

1. 旺苗　凡进入拔节期后，叶色浓绿，群体仍在80万个以上，喇叭状分蘖出现很少，9~10叶的叶片超过25 cm，并有2/3下披者属于旺苗，常易引起倒伏。此类麦苗多半是原来的旺苗控制不及时，加上起身期促得过猛所致；或亩总蘖数在70万个左右，起身期促得过头，叶色浓绿、有旺长趋势的麦田。以上两种情况，只要不再施肥浇水，采取适当深锄或镇压即可抑制其旺长。据试验，第一次深中耕后10天左右再进行第二次深中耕，可使旺长得到有效控制，深中耕结合镇压的控制效果更好。

2. 壮苗　拔节时群体数量在70万个左右，9~10叶长在25 cm左右，有1/3下披，叶色青绿，可视为壮苗。此类麦苗如果在起身期已施肥浇水，可延迟至倒2叶露尖时，再根据苗情适量促进。如果起身期未施肥浇水，或者旺苗采取了中耕、镇压等抑制措施，此种苗情说明控制效果比较明显，可在拔节后第一节已基本固定时，每亩施5 kg左右尿素，并及时浇水，促花增粒，延长顶部叶片的功能期，保粒增重。

拔节时群体在60万以下，9~10叶长度不超过20 cm，叶色偏淡，此类麦苗应查明其形成原因，如因脱肥或前期生长差等，应及时追肥浇水，最迟不应晚于第三节开始伸长时（拔节后期）。据试验，此时追肥可成倍增加穗粒数。

小麦拔节时，麦苗发黄。有的是因为土温偏低，麦苗尚未充分利用土壤养分和水分；有的是因地势低洼，土壤黏重，板结潮湿，影响根系的正常呼吸作用。以上两类麦田只要中耕松土，破除板结，提高地温，麦苗很快即可恢复正常生长。

豫南稻麦区春季因雨水太多或排水不良，常有渍害发生。在解决排水的同时，亦应及时追肥。

3. 病虫防治　小麦拔节时，旱地麦田长腿红蜘蛛开始猖狂为害，小麦受害后，叶片失水干枯。因此，旱地在小麦拔节时防治好长腿红蜘蛛是一项关键措施。水肥地麦田应做好吸浆虫的掏土检查，确定发生地块和虫口密度，为后期防治做好准备，此时亦可结合中耕使用药剂处理土壤。

三、孕穗期管理

（一）孕穗期小麦生育特点和主攻目标

4月上中旬气温上升到15 ℃左右，小麦旗叶叶片全部从倒二叶叶鞘内伸出，即进入孕穗期。此时小麦的两极分化已基本结束，存留的大蘖大都能成穗，穗部分化将进入配子形成过程。绿色面积已达最大值，高产田叶面积系数达到6~7，一般田也达4~5，由于绿色面积的增大，光合作用也是最旺盛期。据测定，小麦拔节至抽穗阶段耗水量占全生育期总需水量的36.8%，是小麦一生中耗水最多的时期。此期水肥供应充足，不仅能保花增粒，还能积累较多的营养物质，对防止叶片早衰和籽粒灌浆都有很好的作用。

此期田间管理的主攻目标是保根护叶，延长叶片功能期，减少小花退化，提高结实率。

（二）孕穗期的主要管理措施

小麦孕穗期的管理主要是保证水分的充分供应。

1. 浇水　孕穗期需水较多，但也不能盲目灌溉，应根据叶色和土壤墒情而定。如土壤水分在田间最大持水量70%以上，孕穗水可推迟到抽穗时（4月中下旬）再浇。如3月下旬偏旱，应及时浇好孕穗水，以免浇水偏晚，导致每穗粒数减少；同时，4月上中旬浇水，土壤中水分多，热容量大，对防止晚霜危害也有良好作用。

2. 追肥　孕穗期是否追肥，也应根据土质和苗情而定，一般旗叶过早出现，叶姿挺直，色淡而薄，下部叶片并非因干旱而从下向上逐片黄枯，即表明氮肥不足，应酌情适量追肥。一般沙土地因保肥力差，发挥肥效也快，可结合浇水适量追肥。在沙壤土上追孕穗肥，不仅能增加穗粒数，也能使千粒重也有所提高，增产显著。

孕穗期在黏土地追肥稍多或偏晚，极易引起后期青干，因此，以采用叶面喷洒2%左右的尿素溶液为妥；即使是沙壤土，追肥数量也不可过多。如果局部缺肥，可以点片补施少量偏心肥，促使生长一致。

第三节　后期阶段管理

小麦从抽穗到成熟为生长后期，包括抽穗、开花、授粉、籽粒形成与灌浆等生育过程，历时40天左右。虽然小麦的生育后期经历的天数，只占全生育期的1/6左右，但这是产量形成的最后时期，直接影响产量的高低。

此阶段在河南省正值4月上旬至6月上旬，后期常有高温、干旱、风、雨、冰雹等灾害性天气，导致小麦倒伏、青干，影响正常落黄，使粒重下降。这一时期还常发生白粉病、锈病、赤霉病、黏虫、蚜虫、吸浆虫等病虫害，尽管前期生长良好，仍不能保证丰收。因此，必须坚持不懈，继续加强后期管理，达到粒多粒饱，丰产丰收。

一、后期阶段小麦的生育特点和主攻目标

小麦从开花至成熟，可分为籽粒形成、灌浆和成熟三个时期。

1. **籽粒形成期** 开花后 10~12 天的时间内，籽粒生长很快，基本轮廓已经形成。但此期籽粒干物质积累缓慢，积累量仅占成熟期的 20% 左右，此期末籽粒含水率在 70% 左右，这一时期称为籽粒形成期。籽粒形成期如遇到不利的环境因素，仍会导致籽粒败育，且能影响籽粒大小，因此该时期是争取穗粒数的最后时期。

2. **灌浆期** 开花后 10~30 天为灌浆期。开花后 16 天左右籽粒长度达到最大值，开始进入灌浆盛期，籽粒的干物质积累加快，积累量占成熟期的 70% 左右。

3. **籽粒成熟期** 从开花后 30 天左右到灌浆停止，进入籽粒成熟期，历时只有 5~7 天。这几天虽然干物质积累缓慢，但如遇到日平均 26 ℃以上（日最高气温 30 ℃以上）的高温，特别是大气干燥并伴有大风，或雨后猛晴，都将会导致灌浆速度锐减，甚至提早停止灌浆，常使千粒重下降 2~4 g 甚至更多，造成不同年际间小麦粒重的波动。

小麦抽穗以后，其营养器官基本停止生长，但籽粒干物质积累，有 1/3 是开花前贮存在茎和叶鞘中的光合产物，开花后转移到籽粒中的；2/3 是开花后光合器官制造的。其主要光合器官是旗叶和穗下节，它们各占光合作用能力的近 1/3，倒 2 叶次之，约占 1/4，绿色穗仅占 1/6 左右。后期保护旗叶，延长其功能期，对提高粒重有重要作用。

籽粒进入灌浆期以后，营养器官中贮存的养分，开始向籽粒中转运。氮素营养水平适宜时，运转的量多而速度快，对增加粒重有利；营养水平过低时，茎叶中养分贮存少，粒重不高；氮素营养水平过高或播种过晚，茎叶中养分向籽粒运转慢，灌浆高峰期向后延迟，遇到高温，就会使灌浆停止，造成青干和粒重下降。

后期管理的主攻目标为养根护叶，保持根的活力，延长上部叶片的功能期，协调碳氮营养，促进有机物质的合成与积累，防止早衰和青干，最大限度地将贮存的养分转运到籽粒中去。加强病虫害防治，保证光合器官的完整，达到籽粒饱满，提高粒重。

二、后期阶段的主要管理措施

1. **适时早浇灌浆水** 小麦抽穗到成熟，这一阶段耗水量，一般要占总耗水量的 1/3 以上，日耗水量达每亩 1 m² 左右。

适宜的土壤水分能保证植株生育后期有较强的光合能力。这一时期即使短时间缺水，也会造成叶片暂时凋萎，光合强度迅速下降，呼吸作用上升，消耗已合成的有机物质。同时，水分是光合产物向籽粒转运的溶媒和载体，通过酶的作用，将所积累的物质转化为水溶性的糖类和氨基酸，转运到籽粒中去，然后再合成淀粉、蛋白质等。籽粒的成熟与植株含水率有密切关系，籽粒含水率下降到 35% 以下时灌浆即停止。灌浆期间，茎秆的含水率为 70% 左右，如下降到 60% 以下，灌浆速度就非常慢。可见小麦生长后期，必须保持适宜的土壤水分。

后期灌水的增产效果，还取决于灌水时间和灌水技术。据多年试验和生产实践证明，小麦生育后期除了灌好孕穗水或抽穗水外，在开花后 15 天左右即灌浆高峰出现之

前浇灌浆水，对提高粒重有明显效果。灌浆期一般浇水愈晚，效果愈差。在土壤水分不太缺乏的条件下，浇麦黄水对提高粒重没有明显效果，甚至还会导致粒重下降。这是因为浇水后的一个时期内，灌浆速度降低，导致成熟推迟，容易遭受干热风袭击和发生雨后青干，缩短灌浆时间。

后期灌水，由于小麦穗部已经较重，灌后土壤湿软，遇风易发生倒伏，因此要防止大水漫灌，不使地面积水，并注意大风时停灌。后期如灌水量过大，土壤水分过高，不仅影响粒重，还会导致品质降低。稻茬和上浸麦田还应清理厢沟，排水防涝。

2. 搞好根外追肥　小麦生长后期，仍需保持一定的营养水平，以延长叶片的功能期和根系的活力，防止早衰。后期脱肥，则绿叶面积下降，灌浆强度的高峰来临早、结束快，灌浆期缩短，粒重降低。因此，抽穗期对叶色变淡、呈现早衰趋势的麦田，在抽穗到灌浆期间，可用 2%～3% 的尿素溶液，每亩 50～60 kg 进行叶面喷洒，以补充植株氮素营养，一般可增加千粒重 1 g 左右。河南省生产上还常用 0.3%～0.4% 磷酸二氢钾溶液每亩 50～60 kg 喷洒叶面。

3. 防治病虫害　病虫危害往往造成千粒重下降，对小麦生产造成很大损失。在后期管理中必须加强预测预报，及时防治。

第七章 河南小麦逆境发生特点与抗逆技术

第一节 河南小麦逆境发生特点

一、干旱发生特点

河南省小麦生育期间自然降水空间分布不均，从东南到西北递减，加之年际间变异较大，小麦生育期间干旱常有发生。河南小麦干旱主要是播种期干旱、春旱和后期干旱，河南素有"十年九旱"之说。春季全省一般降水量偏少，空气干燥，加上气温回升迅速，风多，蒸发作用加强，土壤失墒快，易发生春旱，尤其是黄河以北地区。盛夏时期和秋季河南全省降水减少，造成底墒水不足，易发生播种期干旱。干旱对小麦的危害是多方面的，小麦播种时，如果土壤水分不足，则影响适时播种，或播种后出苗不齐，进而影响分蘖和次生根的生长，造成冬前弱苗，对小麦成穗有一定影响。拔节至抽穗期，小麦生长量大，需水较多，若水分不足，对幼穗分化影响较大，造成小穗数和小花数较少，影响穗粒数。灌浆期若遇干旱则影响千粒重，进而减低产量。

二、干热风发生特点

河南省干热风可分为高温低湿型和雨后枯熟型。高温低湿型干热风发生的总体特点是南少北多、南轻北重，其中郑州、洛阳、三门峡、焦作一带，安阳以东到濮阳一带，以及商丘东部是干热风多发区，出现概率为每10年8次。雨后枯熟型干热风总的发生规律是西南部轻东北部重，其多发中心集中在开封、安阳、驻马店新蔡一带。高温低湿型干热风特点是发生时温度猛升，空气湿度剧降，最高气温可达 30 ℃以上，相对湿度降至30%以下，风力在 3 m/s。雨后枯熟型干热风特点是雨后出现高温低湿天气，即先有一次降水过程，雨后猛晴，温度骤升，湿度剧降。干热风主要为害小麦的扬花灌浆，在高温、低湿及大风的条件下，小麦叶片光能利用率低，籽粒形成期缩短，根系呼吸受限；如果是雨后干热风，蒸腾作用加强，植株体内水分失去平衡，茎叶青枯，千粒重明显下降。

三、冻害发生特点

小麦冻害是仅次于干旱的一大灾害。河南省冻害按时间划分可分为冬季冻害、早春冻害和晚霜冻害。冬季冻害一般由气温骤降或持续低温造成，主要冻伤部分叶片或幼穗，播种过早的地块能冻死主茎和大分蘖。早春冻害是小麦返青至拔节期发生的冻害，由于返青后小麦植株生长加快，抗寒力下降，遇到寒流侵袭易发生冻害，可造成叶片冻伤、幼穗冻死。晚霜冻害是指小麦拔节至抽穗期间发生的冻害，这一时期河南省小麦生长旺盛，对低温敏感，极易形成霜冻冻害。2007 年以来河南省均有不同程度冻害发生，其中豫东地区为晚霜冻害多发区。据有关资料表明，在拔节后 20 天是晚霜冻害频率最高的时段。晚霜冻害以冻死冻伤幼穗为主要特征，对叶片一般无大的影响。

第二节　小麦抗逆关键技术

一、干旱抗逆应变栽培技术

（1）搞好整地和播种质量，蓄水保墒。在旋耕与秸秆还田条件下，要及时镇压，防止土壤散墒；旋耕 2 年后要深耕 1 年，及时耙地，增加土层贮水，促使根系下扎，扩大根系吸收范围，在灌溉或雨后及时划锄，注重蓄水保墒，防止土壤水分散失。

（2）在适宜地区推广应用少免耕、秸秆覆盖、防旱剂和植物生长调节剂。

（3）科学运筹肥水，因地因苗制宜。受旱麦田要做到应浇尽浇，尽量扩大浇麦面积；对因旱冻濒临死亡的麦苗，要及早浇灌，确保不死苗，浇水时应小水慢灌，浇后及时划锄；对于没有水浇条件的旱地麦田，应在早春镇压并划锄保墒。

（4）加快中低产田改造，扩大有效灌溉面积，降低旱灾危险与风险。

（5）在有限灌溉条件下，加强科学灌溉技术研究，推广节水灌溉。

二、干热风抗逆应变栽培技术

（1）选用抗干热风品种，如灌浆速度快、早熟、抗旱、耐高温的品种。

（2）健身栽培，培育壮苗。提高小麦耕整地播种质量，耙透、耙实、耙平、耙细，根据土壤墒情在小麦播种前后适时进行机械镇压。

（3）合理灌溉。合理灌水可以降低地表温度 3~4 ℃，增大小麦株间湿度 4%~5%，视情况可在干热风到来前浇一次水，这样可以明显改善田间小气候，降低干热风的危害。

（4）叶面喷肥。在小麦灌浆期，用尿素 1 kg 加磷酸二氢钾 200 g 兑水 50 kg 进行叶面喷洒，一方面可防止干热风，另一方面也可提供营养，促进灌浆。

（5）植树造林。林网能削弱风力，增加林网间空气湿度，减少蒸腾。

三、冻害抗逆应变栽培技术

（一）冻害防控技术

（1）选用抗寒品种，确定合理播期播量。豫北麦区半冬性品种适播期为 10 月 5~15 日，弱春性品种为 10 月 13~20 日；豫中、豫东麦区半冬性品种为 10 月 10~20 日，弱春性品种为 10 月 15~25 日；豫南麦区半冬性品种为 10 月 15~25 日，弱春性品种为 10 月 20 日至 10 月底；豫西丘陵旱地麦区半冬性品种为 9 月底至 10 月 15 日。

（2）培育冬前壮苗，增强抗寒能力。深耕和旋耕麦田都要耙透、耙实、耙平、耙细，做到耕层加深、残茬拾净、表层不板结、下层不翘空、田面平坦。对于实施秸秆还田的麦田，要在玉米收获后，及时用秸秆还田机打 2~3 遍，玉米秸秆粉碎长度为 5 cm 左右，抛撒均匀，覆盖地表，切实提高秸秆还田质量，促壮苗形成。

（3）中耕保墒。中耕镇压，压碎坷垃、沉实土壤，减少水分蒸发。

（4）在寒流到来之前抓紧浇水，抑制麦田地温下降，预防冻害发生。

（5）喷洒防冻药物，预防冻害的发生。

（二）对已受灾麦田的补救措施

对遭受冬季冻害麦田，应根据受灾情况，及时追施速效肥并灌水，促进恢复生长和分蘖发生，争取较多穗数。对遭受早春冻害麦田要及时中耕，蓄水保温，及时追肥，促进分蘖成穗。对受晚霜冻害麦田可喷施叶面肥，以缓解冻害，促进生长发育，减少损失。对受冻害麦田，要加强中后期管理，二、三类苗早管细管，促弱转壮。

第八章　近年小麦生产特点与应变技术

近年来，气候的不确定性进一步增大，天气条件复杂多变，干旱、冻害、干热风等灾害频发，加之病虫危害逐年加重，对河南省粮食生产可持续发展带来严峻考验。全省各级农业部门及科技人员在历年生产管理中，及时开展小麦生产调查与苗情监测，科学分析生产形势，及时提出应变技术措施，确保了小麦生产的连年丰产丰收，并总结形成了抗灾减灾、促弱控旺、防病治虫等方面成熟的小麦优质高产管理经验与措施。现将近年来我省针对不同年景、不同苗情、不同灾情、不同病虫情开展的苗情分析与应变技术梳理总结如下，希望为今后全省各地指导小麦生产提供丰富的实践经验与可行的技术支撑。

第一节　2010—2011 年度

一、麦播

（一）形势分析

1. 2010 年麦播工作有利条件　一是各地领导高度重视夏粮生产，各项强农惠农政策落实到位，国家连年提高小麦市场最低收购价格，特别是近期小麦市场价格持续走高的拉动作用，使农民种麦的积极性进一步提高。二是农田基础设施不断完善，农业机械化作业水平不断提高，全省 7 900 多万亩麦田中达到"旱能浇、涝能排"的面积超过 5 000 万亩，耕种收获机械作业率达到 95% 以上。三是小麦分区高产栽培集成技术渐趋成熟，并积累了应对干旱、暖冬旺长、低温冻害等多种自然灾害和动员全社会力量抗灾夺丰收的经验和能力，小麦高产创建的示范带动作用日益明显。四是河南省种子、化肥、农药等市场供应充足，价格基本平稳，为麦播工作打下了较好的物质基础。五是今年秋季降雨偏多，深层土壤水补充较多，为种足种好小麦提供了较好的土壤墒情。

2. 麦播工作不利因素　一是秋作物成熟收获期推迟，为确保适时种好小麦，各地收秋、腾茬、整地时间紧、任务重。二是近几年河南省小麦根部和茎基部病害以及地下害虫等危害呈加重趋势。三是气象因素不确定性增大，极端天气发生频率增多、危害加重。四是少数地方农艺农机措施结合不够紧密，实现精细整地的要求难度较大。

（二）应变技术

1. 优化品种结构，搞好区域布局　根据我省小麦生产实际，结合近年来小麦品种在不同地区、不同气候条件下的表现，各地要进一步搞好品种区域布局，优化品种品质结构，以稳产、高产、抗逆品种为主导，以发展优质专用品种为重点，稳步发展主导品种，合理搭配新品种。在品种布局上，豫北、豫中麦区以矮秆抗倒、抗寒、耐病（主要是抗白粉病和纹枯病）的高产、优质半冬性品种为主，晚茬搭配早熟弱春性品种，早茬以矮抗58、周麦16、周麦18、周麦22、郑麦366、西农979、新麦19、众麦1号、豫麦49-198等为主，晚茬麦田搭配郑麦9023、偃展4110、04中36等；豫西南麦区以抗耐病（抗锈病和白粉病，耐赤霉病）、抗穗发芽的早熟弱春性品种为主，如郑麦9023、豫麦70-36、邓麦996、平安6号等，早茬搭配半冬性品种，如新麦19、郑麦366、花培6号等；豫东、豫东南麦区应选用春季发育相对平稳、抗倒春寒能力较强、抗倒性较好、抗白粉病和锈病、纹枯病轻感的半冬性品种为主，晚茬搭配弱春性品种。早中茬主导品种有矮抗58、周麦16、周麦18、周麦22、郑育麦9987、西农979、新麦19、众麦1号等，晚茬搭配偃展4110、太空6号、04中36等；信阳稻茬麦区以选用早熟、耐湿、耐赤霉病、纹枯病轻感的弱春性品种为主，如豫麦18-99、郑麦9023、郑麦004、偃展4110、豫麦70-36等；豫西岗坡旱地麦区以选用耐旱性好、抗寒、抗病（抗锈病和黄矮病等）的半冬性品种为主，如洛旱7号、洛旱7、西农928等。

2. 提高整地质量，打好播种基础　各地要结合秋收秋种实际，按照"秸秆还田地块必须深耕，旋耕地块必须耙实"的技术要求，精细整地，狠抓整地质量，打好播种基础。一要因地制宜，成熟一块，收获一块，及时腾茬整地，确保小麦适期播种。二要农机农艺结合，切实加强对农机手培训，提高田间作业质量。三要进一步扩大机械深耕面积，耕深要达到25 cm以上，耕后及时耙实耙平；秸秆还田地块，秸秆切碎长度小于10 cm，并用大型拖拉机将秸秆深翻入土，耙糖压实。四要耙实旋耕田块，采取旋耕后耙压、随播镇压、播后镇压，或出苗后浇水等措施踏实土壤。连续旋耕2～3年的田块要进行深耕，促进小麦根系下扎。五要注意整地保墒，确保足墒下种。

3. 积极培肥地力，科学配方施肥　各地要大力推广秸秆还田，增施有机肥，培肥地力，提高土壤蓄水保墒和供肥能力。要继续推广测土配方施肥技术，总体原则为氮肥总量控制与分期调控相结合，测土确定磷钾肥用量，针对性补施微肥。小麦亩产500 kg以上的高产田块，每亩总施肥量：氮肥（纯氮）为14～16 kg，磷肥（五氧化二磷）6～8 kg、钾肥（氧化钾）5～7 kg；亩产400～500 kg的地块，每亩总施肥量：氮肥（纯氮）为12～14 kg，磷肥（五氧化二磷）5～7 kg、钾肥（氧化钾）4～6 kg；400 kg以下的低产田块，提倡氮磷并重，适当补充钾肥，一般亩施氮肥（纯氮）为12～14 kg，磷肥（五氧化二磷）6～8 kg。高产麦田和优质麦田块推广氮肥后移技术，氮肥50%作底肥，50%拔节期结合浇水追施。中低产麦田70%底施，30%追肥。氮肥深施，磷钾肥分层施，锌肥与细土拌匀后撒施。旱地麦田要求一次施足底肥，连续三年秸秆还田地块可酌情少施或免施钾肥。土壤有效锌含量低于0.5 mg/kg，每亩施硫酸锌1～2 kg。土壤有效硼含量低于0.5 mg/kg，每亩施硼肥0.2～0.4 kg。

4. 选择适宜播期，确定合理播量　为培育冬前壮苗，构建合理群体结构，争取足够穗数，豫北麦区半冬性品种适播期为10月3～12日，弱春性品种为10月13～18日；豫中、豫东麦区半冬性品种为10月7～15日，弱春性品种为10月15～23日；豫南、豫西麦区半冬性品种为 10 月 12~18 日，弱春性品种为 10 月 18 日至 10 月底；豫西丘陵旱地麦区半冬性品种 9 月 25 日至 10 月 5 日。各地要严禁弱春性品种过早播种。要大力推广机械播种技术，播深 3~4 kg。在适播期范围内，整地质量高、茬口早、种植分蘖力强、成穗率高的半冬性品种，每亩基本苗控制在 14 万~16 万，一般亩播量 7~8 kg；中晚茬或秸秆还田地块，亩基本苗控制在 15 万~20 万，一般亩播量 8~10 kg；稻茬撒播麦田亩播量 12~15 kg。因灾延误播期或整地质量较差的麦田，应适当增加播量，每晚播 3 天每亩播量增加 0.5 kg，但最高不能超过 15 kg。

5. 抓好麦播期病虫害综合防治　根据近年我省小麦病虫害发生消长动态和变化趋势，我省麦播期病虫害主要防治对象是全蚀病、纹枯病、孢囊线虫病、黑穗病等土传、种传病害和地下害虫。主要措施：一是搞好种子检疫，防止含有检疫对象的病虫害通过种子传播扩散。近年来小麦全蚀病在我省呈迅速发生蔓延趋势，各地要进一步加强种子繁育基地的管理。种子繁育基地用种在播前必须进行种子精选，同时要在检疫部门监督下选用有效药剂进行种子包衣或拌种处理，确保健康种子的生产与供应，在疫情发生区，以行政村为单位一律不得安排种子繁育田。二是搞好种子包衣和药剂拌种。在全蚀病发生较普遍地区，推荐使用 125 g/L 硅噻菌胺（全蚀净）悬浮种衣剂 20 mL，或 30 g/L 苯醚甲环唑（敌萎丹）悬浮种衣剂 60 mL，或 30 g/L 苯醚甲环唑 40 mL+25 g/L 咯菌腈（适乐时）悬浮种衣剂 20 mL 处理麦种 10 kg。也可在播种前用药剂进行土壤处理，具体方法：每亩使用 70% 甲基硫菌灵（甲基托布津）或 50% 多菌灵 2~3 kg，或 50% 福美双 3~5 kg 加细土 20~30 kg，犁后撒施并耙匀。从病区调往无病区的种子，播种前必须进行药剂处理，每 10 kg 种子使用 30 g/L 苯醚甲环唑 40 mL 或 25 g/L 咯菌腈 10 mL 进行包衣。纹枯病、根腐病、黑穗病等发生区，可选择使用戊唑醇（立克秀）2% 湿拌剂或 60 g/L 悬浮种衣剂、30 g/L 苯醚甲环唑、25 g/L 咯菌腈、0.8% 腈菌·戊唑醇悬浮种衣剂等按推荐剂量进行小麦种子包衣或拌种，兼治小麦苗期锈病和白粉病；对小麦胞囊线虫病特别严重的田块，可在小麦播种时沟施 5% 灭线磷（线敌）颗粒剂每亩 3 kg 进行防治。对地下害虫（蛴螬、蝼蛄、金针虫）可选用辛硫磷等拌种，同时选用合适药剂进行土壤处理，兼防吸浆虫。三是对多种病虫混发区，要大力推广杀菌剂和杀虫剂各计各量混合拌种或种子包衣。各级植保部门应根据当地主要病虫种类，制订混配方案或选用复配型种衣剂，指导农民开展麦播病虫害防治。各地要在植保技术人员指导下，以乡、村或供种企业为单位，统一组织、统一购药、统一配药、统一拌种，以确保防治效果，同时加大科学用药、安全用药的宣传力度，防止生产性中毒和药害的发生。要全面实现种子包衣或药剂拌种或土壤处理达到 100%，有效控制麦播病虫害，确保正常出苗、苗齐、苗全。

二、冬前

（一）形势分析

由于各级党委政府高度重视，各级农业部门和广大干群共同努力，狠抓关键技术措施落实，加之气候条件比较有利，当年全省麦播工作进展顺利，播种基础整体较好。主要表现：一是麦播面积稳定，优质麦比例大。预计全省麦播面积继续稳定在 7 900 万亩以上，其中优质小麦面积达到 5 860 万亩，比上年增加 150 多万亩。二是品种布局更趋合理，主导品种更加突出。据初步统计，半冬性品种占到全省麦播面积的 80% 左右，布局更趋合理；播种面积超过 100 万亩的矮抗 58、周麦 22、豫麦 49-198、郑麦 9023、郑麦 366 等 17 个高产优质品种占麦播总面积 80% 以上。三是播期适宜，播种时间集中。10 月 8~21 日全省共播种小麦 6 948 万亩，占预计麦播面积的 87.5%。截至 10 月 26 日，全省已播种小麦 7 866 万亩，完成麦播任务的 99.1%。四是整地质量高，测土配方施肥面积大。各地按照"秸秆还田必须深耕，旋耕地块必须耙实"和农机农艺相结合的要求，大力开展秸秆还田，努力扩大机械深耕和测土配方施肥面积，着力提高整地质量。据初步统计，今年全省深耕面积 5 200 万亩，比上年增加 400 多万亩；测土配方施肥面积 5 500 万亩，比上年扩大近 300 万亩。五是麦播病虫害防治力度大。据统计，全省麦播药剂拌种、种子包衣、土壤处理面积分别达到 4 780 万亩、3 180 万亩、2 070 万亩，其中种子包衣和土壤处理面积分别比去年增加 430 万亩、210 万亩，基本做到了麦播病虫害防治措施全覆盖。特别是在小麦全蚀病重发区、常发区采用全蚀净、敌萎丹等高效杀菌剂拌种，防控面积达到 1 760 万亩。

尽管当年全省小麦播种基础整体较好，但仍存在一些不容忽视的问题：一是 10 月以来全省降水较少，部分麦田底墒不足，尤其是南阳市部分小麦因旱出苗困难；二是部分田块播期偏早、播量偏大，一些田块耙压不实，播种偏深；三是豫西旱地部分田块秋季腾茬晚，播期较常年晚 10 天左右。

（二）应变技术

1. 抓紧浇水　对底墒不足、出苗不好的麦田，要尽快浇水，尤其是对墒情差、出苗困难的晚播麦田，要抓紧浇好蒙头水；对整地质量较差、土壤暄松的麦田，也要及时浇水。对秸秆还田、旋耕播种、土壤悬空不实、墒情不足的田块，必须进行冬灌，一般在日平均气温为 3 ℃ 左右时进行，在大冻前完成，浇后及时划锄松土。

2. 查苗补种　小麦出苗后要进行普遍检查，对播种质量较差、缺苗断垄的田块，及时用同一品种的种子浸种后及早补种。

3. 适时中耕　冬前要对麦田普遍进行中耕，尤其是在每次降雨或浇水后适时中耕保墒，破除板结，灭除杂草，促根蘖健壮发育。对群体过大过旺麦田，可采取深中耕或镇压的措施，控旺转壮，保苗安全越冬。

4. 因苗补肥　对底肥施用不足，冬前群体偏小、苗情弱并有脱肥症状的麦田，可结合浇水每亩追施尿素 5~10 kg。

5. 化学除草　各地要抓住冬前化学除草的有利时机，选准合适药剂，进行科学防除。防除野燕麦、看麦娘等禾本科杂草，可在小麦出苗后至 3 叶期前，杂草 2~3 叶期，用绿麦隆、高渗异丙隆或 6.9% 噁唑禾草灵乳油茎叶喷雾；防除稻茬麦田硬草、碱茅等杂草，可用异丙隆防治；对以节节麦等禾本科杂草为主的麦田，可用甲基二磺隆（3% 世玛乳油）茎叶喷雾；防除麦家公、荠菜、播娘蒿等双子叶杂草，可选用苯磺隆、噻吩磺隆、二甲四氯钠盐、氟草烟（使它隆）等药剂。

6. 防治病虫　对于苗期受地下虫危害较重的麦田，及时进行药剂灌根；麦黑潜叶蝇发生严重的地方，可用阿维菌素、毒死蜱等喷雾防治；对小麦胞囊线虫病发生田块，可采取镇压等措施减轻其危害，严重田块可用10%灭线磷颗粒剂顺垄撒施，控制危害。对小麦全蚀病、纹枯病发生严重的地块，可喷洒三唑酮等药剂，抑制冬季侵染，减轻早春发病程度。

三、春季

（一）形势分析

2011年河南省春季生产形势表现为生产基础好、旱情重、困难多。一是基础好。播种面积继续稳中有增，达到7950万亩，比上年增加30万亩。大部分小麦适墒适时播种，实现一播全苗。冬前管理措施落实较好，加之底墒普遍充足，小麦生长稳健，苗质好，群体足，实现了壮苗安全越冬。全省越冬期一、二类苗占到麦播面积的86.8%，是近年同期苗情较好的一年。二是旱情重。从2010年10月开始，全省大部分地方130多天基本无有效降水，降水量比常年同期少近90%，为1961年以来同期最少值，全省旱情不断发展加剧。全省麦田受旱面积3500多万亩。三是困难多。"立春"已过，小麦很快返青起身，如果旱情持续发展，势必影响小麦的正常生长发育，威胁到夏粮生产乃至全年粮食丰收，抗旱任务更加艰巨。

（二）应变技术

开春以后，我省从南到北气温逐步回升，小麦依次进入返青期，因此，各地抗旱春管、浇水施肥的时间也应因地、因苗而异。特别是针对气温回升快、升幅高，预计春节期间晴好天气的情况，各地要认真做到分区管理，抓紧抓好抓实抗旱春管的各项技术措施。具体技术措施如下：

1. 抗旱保墒，科学浇水　各地要抓住春节农村劳动力充裕的有利条件，广泛宣传动员，尽快掀起抗旱浇麦高潮，力争早春受旱麦田普浇一遍。要科学浇水，凡是壤土地耕层土壤相对含水量低于65%、黏土地低于70%、沙土地低于60%的麦田，都要及早浇好返青水。土壤相对含水量高于上述指标的麦田，要适当推迟到拔节期浇水。随着气温逐渐回升，当天平均气温稳定通过3℃时，冻土化通后，开始浇返青水。重点对于未浇越冬水、受旱严重、分蘖节处于干土层、次生根长不出来或很短的重旱麦田，要早浇水、早施肥，促早发。对灌溉条件一般的麦田，要普浇返青水，力争浇上拔节、灌浆水。对没有灌溉条件、确实浇不上水的丘陵旱地麦田，要大力推广镇压提墒、中耕保墒、秸秆覆盖、趁墒追肥等旱作技术，做到以管补水。对灌溉条件较好、浇过越冬水、苗情墒情较好的麦田，浇水时间适当推迟到起身拔节期。对少量旺长麦苗，推迟浇水，采取化学调控措施，防止早衰和倒伏。

春灌时间要掌握在小麦返青期，按照"冷尾暖头、夜冻日消、有水即浇、小水为主"的原则，于中午前后抓紧浇水保苗，确保麦苗返青生长有足够的养分，促进春生分蘖和次数根早生快长，促进分蘖成穗，争取较多的亩穗数。灌水不宜过多，亩灌30~40 m³即可。

2. 分类管理，合理施肥　对于三类苗，春季管理以促弱转壮为重点，分两次追肥（每次每亩10 kg尿素）。第一次在返青期进行，促进春季分蘖，巩固冬前分蘖，增加亩穗数；第二次在拔节中期，提高穗粒数。对于二类苗，春季管理以巩固冬前分蘖、适当促进春季分蘖、提高分蘖成穗率为重点，起身期追肥浇水（每亩 10~15 kg 尿素）。对于一类苗，春季管理以促控结合、提高分蘖成穗率、促穗大粒多为重点，在小麦拔节期追肥浇水（每亩 10 kg 尿素）。

3. 加强监测，防控病虫　做好麦田病虫草害监测，重点防控小麦条锈病、纹枯病、白粉病、吸浆虫、蚜虫、麦蜘蛛等"三病三虫"。及时发布田间监测结果，提早制订防治预案，做好药械等物资准备，加大技术培训与宣传力度，充分发挥机防专业队伍和农民植保专业合作组织作用，开展统防统治，组织好应急防治行动。对小麦纹枯病达到防治指标的麦田，在 3 月中旬之前进行普遍防治。小麦条锈病防治要坚持"准确监测，带药侦察，发现一点，防治一片"，重点抓好沙河以南条锈病常发区，及时消灭发病中心，严防扩散蔓延，4 月下旬和 5 月初要普遍对小麦进行喷药防治。对小麦吸浆虫严把蛹期和成虫期两个关键环节进行防治。及时开展化学除草，消除麦田杂草危害。

4. 普遍中耕，镇压保墒　要对所有麦田进行中耕，尤其浇后要及时划锄，破除板结，增温保墒，消灭杂草，促苗早发。对一般弱苗进行浅中耕，对旺苗适当进行深中耕，力争 2 月底前对麦田普遍中耕一遍。对没有水浇条件的旱地麦田，进行镇压、划锄，可起到提墒、保墒、增温和减少杂草的作用。对旺长麦田实行镇压，可抑制地上部生长，控旺转壮。镇压要在小麦返青起身前进行，并结合划锄，先压后锄。锄地时要锄细、锄匀、不压麦苗。

5. 应变施策，"一喷三防"　后期管理以防病虫、防倒伏、防干热风为重点，突出抓好"一喷三防"、叶面追肥、适时收获等措施的落实。特别是要对所有麦田喷施磷酸二氢钾，有条件的地方要大力推广超常量喷施磷酸二氢钾技术。

第二节　2011—2012 年度

一、麦播

（一）形势分析

1. 2011 年河南省麦播有利条件　一是省领导高度重视夏粮生产，各项强农惠农政策落实到位，农民种粮积极性高；二是通过两年抗旱应急工程建设，农田水利设施不断完善，有水浇条件麦田面积进一步扩大，抗御自然灾害的能力显著增强；三是小麦优良品种和农用物资准备充足，分区规范化播种技术日趋成熟，机械化水平不断提高，麦播的科技含量明显增强；四是经过之前连续三年极端不利气候条件考验，积累了应对干旱、暖冬旺长、低温冻害等多种自然灾害和动员全社会力量抗灾夺丰收的经验和能力；五是当年 9 月上中旬降水充足，有效补充了土壤深层水分，对小麦适期适墒播种十分有利。

2. 麦播工作不利因素　一是秋作物成熟收获期普遍推迟，秋收秋种的时间缩短，且部分麦田土壤湿度过大，增加了整地种麦的难度；二是化肥、柴油等农用生产资料价位持续走高，人工和农机作业成本也在不断上涨，而农民种麦效益持续偏低，很有可能影响农民种麦的投入；三是在全球气候变化大背景影响下，气象因素不确定性增大，极端天气发生频率增多、危害程度加重，防灾减灾的任务很重；四是旋耕面积大，部分麦田整地播种质量差，大播量的现象在一些地区十分突出，小麦增产的关键技术措施落实到位率不高。此外，在连续三年遭遇历史罕见特大灾害情况下，河南省小麦产量仍连创历史新高，一些地方产生了盲目乐观和松劲麻痹思想，放松抓粮食生产的现象有所抬头。对此，我们必须有充分的认识，要按照农业部和省委、省政府的部署要求，继续立足于抗灾夺丰收，坚持"一稳定、三提高"，即稳定面积、提高单产、提高品质、提高效益，努力做到农机农艺结合，良种良法配套，确保种足种好小麦，为夺取来年夏粮丰收打好基础。

（二）应变技术

1. 大力推广优良品种，搞好品种区域布局　2011年河南省首次取消了小麦良种补贴招标，各地要根据近年来小麦品种在不同地区、不同气候条件下的表现，要因地制宜地选择优良品种，引导农民集中连片扩大高产优质、抗逆稳产品种的推广种植面积，坚决杜绝小麦生产用种"多、乱、杂"现象，真正做到主导品种突出，搭配品种合理，良种良法配套，最大限度地发挥品种增产潜力。无水浇条件的丘陵旱地要大力推广抗旱节水稳产品种；小麦高产创建示范片和优质小麦生产区一定要做到种子统一供应，集中连片种植。同时，各地还要加大对种子质量监管力度，严禁不合格种子下地，确保麦播用种质量安全。

（1）豫北麦区：早中茬品种以矮抗58、周麦22、周麦16、郑麦366为主，搭配种植周麦18、新麦26、郑育9987、中育12等；晚茬品种以周麦23、偃展4110为主，搭配种植花培8号、众麦2号等。

（2）豫中麦区：早中茬品种以矮抗58、周麦22、郑麦366、周麦18为主导品种，搭配种植新麦26、豫麦49-198、新麦19、郑育麦9987等；晚茬品种以平安6号、偃展4110为主导品种，搭配种植周麦23、花培8号等。

（3）豫东麦区：早中茬品种以周麦22、周麦18、矮抗58、众麦1号为主，搭配种植周麦16、许科1号、郑育麦9987、泛麦5号等；中晚茬品种以太空6号、众麦2号为主，搭配种植周麦23等。

（4）南阳盆地麦区：中晚茬以郑麦9023、豫麦70-36、04中36为主，搭配种植内农科201、平安6号等；早中茬示范种植衡观35、西农979、郑麦366等。

（5）豫南稻茬麦区：主导品种豫麦18-99、郑麦9023、偃展4110为主，示范种植郑麦366、西农979、郑麦004等。

（6）豫西丘陵旱地麦区：旱肥地推广洛旱8号、洛旱7号，旱薄地推广洛旱6号、洛旱10号等。

2. 及时腾茬整地，做好蓄水保墒　2011年9月上中旬河南省连续阴雨，全省平均降水量达155 mm，对于补充土壤深层水分和小麦足墒播种十分有利，但由于秋作物成熟收获期普遍推迟，小麦整地播种时间紧、难度大。为此，各地一定要及时收秋腾茬整地，确保秋作物成熟一块，收获一块，腾茬整地一块，部分积水麦田要尽早排水晾墒，绝大多数麦田都要注意保好口墒。尤其是豫南地区，秋作物收获后距小麦播种还有一段时间，可将秸秆粉碎后均匀覆盖地表，以减少土壤水分蒸发，切实保好口墒和底墒，确保足墒播种。

各地要按照"秸秆还田地块必须深耕，旋耕播种地块必须耙实"的要求，提高整地质量，夯实麦播基础，增强抗灾能力，力争全生育期管理主动。一是扩大机械深耕（深松）面积。要搞好大中型农业机械的统一调配，在秋作物收获后，抓紧进行机耕，耕深要达到 25 cm 以上，并保证做到机耕机耙相结合，切忌深耕浅耙，确保耙透、耙实、耙平、耙细。二是针对旋耕田块容易造成深播弱苗、缺苗断垄和透风跑墒、易旱易冻等问题，所有旋耕麦田一定要耙实；连续旋耕 2~3 年的麦田必须深耕（深松）一次，以打破犁底层，提高土壤蓄水、保墒和供肥能力，促进根系下扎，增强抗灾能力。三是实施秸秆还田的地块，要充分粉碎切细秸秆，结合深耕，掩埋秸秆，耙耱压实，使土壤达到松紧适宜，以利于小麦出苗和根系下扎。四是淮南和沿黄稻麦两熟区在小麦播种前要挖好"三沟"，排湿防渍，保证适时适墒播种。为确保当年整地质量，各地要加强对农机手进行作业前培训，使其真正掌握整地质量标准和技术要领，提高田间作业质量和水平。

3. 积极培肥地力，大力推广配方施肥　鉴于化肥仍在高价位运行，有可能影响农民种麦投入的实际，各地要在大力推广秸秆还田、增施有机肥，持续培肥地力的基础上，继续实施测土配方施肥技术，总体原则为氮肥总量控制与分期调控相结合，测土确定磷钾肥用量，针对性补施微肥。亩产 500 kg 以上的高产田块，每亩总施肥量氮肥（纯氮）为 14~16 kg，磷肥（五氧化二磷）6~8 kg，钾肥（氧化钾）5~7 kg；亩产 400~500 kg 的地块，每亩总施肥量氮肥（纯氮）为 12~14 kg，磷肥（五氧化二磷）5~7 kg，钾肥（氧化钾）4~6 kg；400 kg 以下的低产田块，提倡氮磷并重，适当补充钾肥，一般亩施氮肥（纯氮）为 12~14 kg，磷肥（五氧化二磷）6~8 kg。高产麦田和优质麦田块推广氮肥后移技术，氮肥 50% 做底肥，50% 拔节期结合浇水追施；中低产麦田 70% 底施，30% 追肥。在施肥技术上，要做到氮肥深施，磷、钾肥分层施，锌肥与细土拌匀后撒施；旱地麦田要求一次施足底肥；连续三年秸秆还田地块可酌情少施或免施钾肥；土壤有效锌含量低于 0.5 mg/kg，每亩施硫酸锌 1~2 kg；土壤有效硼含量低于 0.5 mg/kg，每亩施硼肥 0.2~0.4 kg。

4. 足墒适期匀播，合理确定播量　足墒适期适量匀播是培育小麦冬前壮苗、防止旺长冻害、构建合理群体结构、争取足够穗数的基础。豫北麦区半冬性品种适播期为 10 月 5~15 日，弱春性品种为 10 月 13~18 日；豫中、豫东麦区半冬性品种为 10 月 7~18 日，弱春性品种为 10 月 15~23 日；豫南麦区半冬性品种为 10 月 12~20 日，弱春性品种为 10 月 20 日至 10 月底；豫西丘陵旱地麦区半冬性品种为 9 月 25 日至 10 月 5 日。各地要严禁弱春性品种越区或过早播种。

要大力推广机械播种技术，播深 3~4 cm。在适播期范围内，整地质量高、茬口早、种植分蘖力强、成穗率高的半冬性品种，每亩基本苗控制在 14 万~16 万株，一般亩播量 7~8 kg；中晚茬或秸秆还田地块，每亩基本苗控制在 15 万~20 万株，一般亩播量 8~10 kg；稻茬撒播麦田亩播量 12~15 kg。因灾延误播期或整地质量较差的麦田，应适当增加播量，每晚播 3 天每亩播量增加 0.5 kg，但最高不能超过 15 kg。

5. 抓好麦播期病虫害综合防治　小麦播种期是预防或控制多种病虫害的关键时期，也是压低病虫发生基数，减轻中后期防治压力，降低防治成本，保证小麦安全生产的最有利时机。根据近年我省小麦病虫害发生流行变化趋势，当年我省麦播期病虫害主要防治对象是全蚀病、纹枯病、孢囊线虫病、黑穗病、金针虫等土传、种传病害和地下害虫。具体措施如下。一是要搞好种子检疫，防治含有检疫对象的病虫害通过种子传播扩散。二是要搞好种子包衣和药剂拌种。在全蚀病发生较普遍地区，推荐使用 125 g/L 硅噻菌胺（全蚀净）悬浮种衣剂，或 30 g/L 苯醚甲环唑（敌萎丹）悬浮种衣剂等进行种子包衣；也可在播种前用 70%甲基硫菌灵（甲基托布津）、50%多菌灵，或 50%福美双等药剂进行土壤处理。对于纹枯病、根腐病、黑穗病等发生区，可选用戊唑醇（立克秀）2%湿拌剂或 60 g/L 悬浮种衣剂，或 30 g/L 苯醚甲环唑、25 g/L 咯菌腈、0.8%腈菌·戊唑醇悬浮种衣剂等按推荐剂量进行种子包衣或拌种，并兼治秋苗期锈病和白粉病；对于小麦孢囊线虫病重发田块，可在小麦播种时沟施 5%灭线磷（线敌）颗粒剂每亩 3 kg；对地下害虫（蛴螬、蝼蛄、金针虫），可选用辛硫磷等拌种，同时选用合适药剂进行土壤处理。三是对多种病虫混发区，要大力推广杀菌剂和杀虫剂各计各量混合拌种或种子包衣。各地应根据当地主要病虫种类，制订混配方案或选用复配型种衣剂，尽量杜绝"白籽下地"，以有效控制麦播病虫危害，确保小麦安全生产。各地要在植保技术人员指导下，以乡、村或供种企业为单位，统一组织、统一购药、统一配药、统一拌种，以确保防治效果。同时加大科学用药、安全用药的宣传力度，防止生产性中毒和药害的发生。

二、冬前

（一）形势分析

2011 年河南省麦播主要有以下几个特点：一是主导品种突出，布局更趋合理，优质小麦面积进一步扩大。据初步统计，当年全省高产优质半冬性品种矮抗 58、周麦 22、郑麦 366、西农 979、众麦 1 号、周麦 16、豫麦 49-198 等主导品种种植面积占全省麦播面积的 80%左右；优质小麦面积为 6 048 万亩，占麦播总面积的 75.7%。二是整地质量进一步提高，深耕、秸秆还田、测土配方施肥、土壤处理面积进一步扩大。各地按照"秸秆还田必须深耕，旋耕地块必须耙实"的要求，努力做到农机农艺融合，大力开展秸秆还田，机械深耕和测土配方施肥，着力提高整地质量。据统计，今年麦播全省深耕、秸秆还田和配方施肥面积分别为 5 381.6 万亩、4 942 万亩和 5 871.3 万亩，均较 2010 年有不同程度提高。为有效防治地下害虫和全蚀病等土传病害危害，2011 年全省土壤处理面积达到 4 145.2 万亩，较上年增加 111.4 万亩。三是麦播墒情足，整体播期基本适宜。由于 9 月上中旬全省平均降水量达到 155 mm，加之 10 月几次有效降水，2011 年麦播底墒、口墒是近几年来最好的一年。由于土壤湿度较大，整地时间紧，小麦始播期较往年推迟 5 天左右，麦播高峰期集中在 10 月 8 日至 21 日之间，且南北播期南北梯度不太明显。四是小麦出苗整齐均匀。由于 2011 年小麦播种期间底墒充足、口墒较好，加之整地质量和种子质量普遍较好，出苗率高，大部分麦田实现了一播全苗，出苗整齐均匀。五是高产创建示范活动扎实推进。2011 年全省小麦高产创建活动，进一步强化行政推动和技术服务，落实物化补贴，在扎实搞好小麦万亩示范方建设的同时，积极推进整乡、整县整建制高产创建。据统计，全省共建设小麦万亩高产创建示范片 300 多个，整乡建制高产创建示范乡 44 个，整县建制高产创建示范县 5 个，高产创建示范片整体水平进一步提高，对实现全省大面积均衡增产的示范带动作用进一步增强。

河南省适期播种小麦已全部出苗，全省当年麦播基础整体较好，但也存在一些不容忽视的问题。一是个别地块播量仍然偏大，基本苗较多，若冬春气温偏高，后期存在倒伏的潜在威胁。二是部分霜降之后播种的麦田整地播种粗放，加之播期晚，出苗迟，冬前难以达到壮苗标准。三是阴雨天气多，温度低，日照少，部分已出苗小麦弱而不壮，麦田管理难度增大。四是由于田间湿度大和部分田块白籽下地，病虫草害发生的风险加大。此外，近几年来，气候不确定因素增大，极端天气发生频率高，小麦防灾减灾任务重。因此，各地对当前小麦生产形势既不能盲目乐观，更不能掉以轻心，要紧紧抓住关键时期，切实做好冬前麦田管理工作。

（二）应变技术

1. 及时查看苗情，剔稠补稀　小麦出苗后要及时查苗，凡断垄在 15 cm 以上的地方，要及时补种。不能补种的地块，可在麦苗 3~4 叶期疏密补稀，移栽时要选择有分蘖的麦苗，覆土深度要掌握上不压心，下不露白，保证成活。

2. 适时中耕，蓄水保墒　针对当前多数麦田土壤湿度大和近期温度低、日照少的特点，冬前对各类麦田要普遍进行中耕，提温保墒，尤其是旱地麦田，要及时进行中耕，蓄住天上水，保住地下墒，促进麦苗稳健生长。保苗安全越冬。

在稻茬麦区和低洼易涝麦田，降水过多时要及时清沟理墒，排除田间积水，降渍、保暖、防冻。

3. 因苗制宜，分类管理　对底肥施用不足或没有施用底肥的麦田，应在冬前分蘖盛期每亩追施尿素 8~10 kg。对于晚播麦田，要及时中耕，增温保墒，促苗早生快发，防止冬季降温引起冻害。对秸秆还田和旋耕播种，以及整地粗放没有压实的麦田，要适时进行镇压，踏实土壤，保苗安全越冬。对底肥充足、群体适宜、生长正常的麦田冬前只中耕，不追肥。对群体过大过旺麦田，可采取深中耕或镇压的措施，切断部分根系，控制麦苗过快生长。

4. 做好病虫防治，及时化学除草　目前绝大多数麦田土壤墒情充足，有利于病虫草害发生危害，各地一定要做好冬前病虫草害的防治，尤其要注意对地下害虫、麦黑潜叶蝇和小麦胞囊线虫病的查治。对部分苗期受地下虫危害较重的麦田，及时进行药剂灌根。麦黑潜叶蝇发生严重的地方，可用阿维菌素、毒死蜱等喷雾防治。对小麦胞囊线虫病严重田块用 10% 灭线磷颗粒剂在小麦苗期顺垄撒施，控制危害。对小麦全蚀病、纹枯病发生严重的地块，可喷一次三唑酮，抑制冬季侵染，减轻早春发病程度。冬前是麦田化学除草的最有利时机，各地要根据草相，选择合适除草剂，及时进行科学防除。

（三）春季形势分析

小麦生产的总体形势好于往年。一是全省小麦播种基础好。2011 年秋播河南省小麦面积稳中有增，主导品种突出，布局更趋合理，加之播种时墒情充足，麦播关键技术落实到位，整地质量较往年提高，深耕、秸秆还田、测土配方施肥、土壤处理面积进一步扩大，小麦出苗是最好的一年，苗全、苗齐、苗匀，麦播基础打得好、打得牢。二是冬前管理取得了阶段性成效。小麦越冬前，全省雨水偏多，墒情充足，气温偏高，各地紧紧抓住这些有利条件，扎实开展冬前麦田管理工作，促苗早生快发，培育壮苗安全越冬。据农情统计，截至 2012 年 1 月 12 日，全省麦田管理累计中耕 1 253 万亩、追肥 1 122 万亩、化除 2 714 万亩，浇水 78 万亩。三是小麦越冬期苗情较好。入冬后气候平稳，对麦苗正常生长和安全越冬总体有利。当年河南省小麦越冬期苗情是近年来较好的一年。据 2011 年 12 月 21 日农情统计，全省小麦一类苗 48.3%，较上年减少3.5%；二类苗 37.8%，较上年增加 3.3%；三类苗 11.5%，较上年减少 0.9%；旺苗2.7%，较上年增加 1.4%。一、二类苗与 2010 年基本持平，好于 2009 年同期苗情。小麦群体较上年均有增加，平均亩群体增加 6.1 万头，主茎叶龄和上年基本持平。

尽管当前河南省小麦生产形势较好，但仍存在一些不容忽视的问题。一是麦田群体普遍较大，后期倒伏的潜在危险增加。由于部分麦田播量偏大，基本苗多，加之土壤墒情好，光照不足，气温较高，造成地上部徒长，根系发育不良，形成"头重脚轻"、地上地下不协调现象，这部分麦田苗质偏弱，春季管理若不加以控制，后期极有可能发生倒伏。二是苗情复杂，地区间差异大。全省 18 个省辖市中有 6 个市一、二类苗比例高于上年同期；一、二类苗比例最高的市达到 98.1%，有 5 个市苗情接近上年；有 7 个市一、二类苗比例不同程度减少，苗情不如上年同期。全省还有一少部分麦田麦苗旺长趋势较为明显。三是麦田病虫草害较重。麦播以来，阴雨和雾霾天气多，土壤湿度大，光照时数少，气温偏高，病虫草害发生偏重。小麦越冬期气候温和，气温-10℃以下的严寒天气日数少，麦田病虫越冬基数高，开春后，随着气温回升，麦田病虫草害将呈重发态势。四是春季气候不确定因素较多。管理难度增加，减灾抗灾夺丰收的任务艰巨。

（四）应变技术

根据当前我省小麦苗情，特别是播种以来麦田土壤墒情一直较好，相当一部分麦田群体偏大的特殊情况，春季我省麦田管理的指导思想是因地制宜，分类指导，因苗施策，控促结合，科学应对，精细管理；对部分群体较大、旺长趋势明显的麦田以控为主，控制旺长，保苗稳健生长；对二、三类苗麦田以促为主，促弱转壮，促苗情转化升级，构建合理群体结构，搭好丰产架子，保穗数、增粒数，保粒重，防后期倒伏，立足于抗灾夺丰收。为此，要重点抓好以下五项关键措施。

1. 普遍进行中耕　由于自麦播以来墒情充足，土壤通透性差，影响小麦根系正常发育，造成部分麦田地上与地下不协调。为此，全省各类麦田开春以后都要普遍进行中耕，以达到增温保墒、破除板结、改善土壤通透条件、促进根系生长、消灭杂草的目的。特别是春灌麦田和丘陵旱地麦田要及时进行中耕。旺苗麦田要进行深中耕，弱苗麦田要浅中耕。

2. 控制旺长，预防倒伏　对冬前群体偏大、开春后有继续旺长趋势的麦田，春季可采取早中耕、深中耕断根，或采用镇压，或在小麦起身期采取喷施多效唑、壮丰胺、矮壮素等化学调节剂，抑制基部节间伸长，控制旺长，防止小麦生育后期发生倒伏。

3. 因苗、因墒分类管理　对于一类麦田春季管理要以控为主，保苗稳健生长，大力推广"前氮后移"技术，第一次肥水推迟到拔节期，结合浇水重施拔节肥，亩施尿素 15 kg。对二类苗管理促控结合，在起身期结合浇水重施起身肥，每亩施尿素 10~15 kg；三类苗麦田管理以促为主，春季重施返青肥，每亩追施尿素 8~10 kg，促进春生分蘖成穗。拔节期结合浇水，可亩追施尿素 5~7 kg，以提高成穗率，促进小花发育，增加穗粒数。旺长麦田以控为主，一般情况下不再浇水，可在拔节中后期两极分化结束时进行肥水管理。旱地麦田春季管理要以保墒增温、促苗早发稳长为目标，一般应在早春土壤化冻后，趁墒（雨雪）追肥，力争早追，每亩追施尿素 8~10 kg，促进春生分蘖生长，争取穗数保产量。

4. 密切关注天气变化，防止晚霜冻害　对春季晚霜冻害，以预防为主。要密切关注天气变化，特别是对于前期生长偏旺的麦田，要在寒流来临前，采取浇水、喷洒防冻药物等措施，预防冻害发生。一旦发生冻害，要及时采取追肥、浇水等补救措施，促进小麦生长，将冻害损失降到最低程度。

5. 加强预测预报，综合防治病虫草害　春季是小麦病虫害多发时期，应加强预测预报，及早查清病情、虫情，要重点监测春季小麦纹枯病、条锈病、吸浆虫和蚜虫等，及时防治。返青期是防治纹枯病的最佳时期，可用 50% 井冈霉素水剂，每亩 200~250 mL，兑水 50~70 kg，及早进行防治。对小麦条锈病，推广"准确监测，带药侦察，发现一点，控制一片"的经验，对沙河以南条锈病常发区，要及时消灭发病中心，4 月下旬和 5 月初要普遍进行喷药防治；对小麦吸浆虫要严把蛹期和成虫期两个关键环节，4 月中下旬组织吸浆虫普查，准确监测发生面积和虫口密度，确定蛹化时间，在蛹化盛期每亩用 3% 林丹粉或 2.5% 的拌撒宁（甲基异柳磷）颗粒剂 2~3 kg，制成毒土，将毒土顺麦垄撒施，施药后如无降水应适当浇水。随着气温的升高，密切注意蚜虫、吸浆虫的危害，在 4 月中下旬至 5 月上旬，大力开展"一喷三防"，将杀虫剂、杀菌剂混合使用，综合防治蚜虫、叶枯病、赤霉病，抑制条锈病。

由于冬前阴雨天气多，田间湿度大，冬前最佳防治期中耕和化学除草面积小，麦田杂草较多，因此，各地要抓住春季温度回升的有利时机，对没有开展冬前化学除草的麦田，可在春季气温稳定通过 6℃ 以后，选择晴好天气于上午 10 时至下午 4 时，根据田间杂草种类，选择合适除草剂，及时进行化除。

此外，淮南稻茬麦区还应及时清沟理墒，排水降渍。

第三节　2012—2013 年度

一、麦播

（一）形势分析

2012 年麦播的有利条件，一是国家高度重视粮食生产，不断加强对发展粮食生产的政策支持力度，进一步调动了农民种粮和各级政府抓粮的积极性。二是我省启动实施了高标准良田建设示范工程，农田水利设施条件的逐步配套完善，进一步增强了抗灾减灾能力。三是近年来我省集成组装的不同生产类型区小麦丰产高效栽培技术规程逐步规范完善，已通过高产创建平台在生产上大面积推广应用；科技对小麦生产的支撑能力进一步增强。四是当年秋季后期降水充足，有效补充了土壤深层水分，对小麦适期适墒播种十分有利。

同时我们还应看到，在当年的小麦生产中还存在着一些不利因素，一是当年小麦生产是在"十连增"的高基数、高起点基础上进行的，确保来年夏粮再获丰收的难度进一步增大、不确定因素增多。二是当年是实施小麦良种补贴政策采取现金直补方式的第二年，良种区域化布局和种子市场监管难度增大。同时，由于2011年麦收前多种病虫害重发，土壤和种子带菌量增加，秋播病虫害防控的任务更加繁重。三是玉米晚收技术的大面积推广应用，将使收秋腾茬整地时间更加集中，三秋生产作业时间更紧、任务更重，机械和劳力调配难度进一步增大。对此，各地必须有足够的认识、充分的准备，切实按照农业部和省委、省政府的部署要求，进一步采取有效措施，加大工作力度，切实做好当年小麦播种工作。

（二）应变技术

1. 搞好品种区域化布局，因地制宜选好品种　各地要根据近年来小麦品种在不同地区、不同气候条件下的表现，科学制定本地小麦品种利用和布局意见，引导农民扩大小麦主导品种的种植面积，坚决杜绝小麦生产用种"多、乱、杂"现象反弹，真正做到主导品种突出，搭配品种合理，良种良法配套，最大限度地发挥品种增产潜力。同时，各地还要加大对种子质量监管力度，严禁不合格种子下地，确保麦播用种质量安全。

（1）豫北麦区：早中茬品种以矮抗58、周麦22、郑麦366、周麦16为主，搭配种植众麦1号、温麦19、新麦26、平安8号、豫麦49-198等；晚茬品种以周麦23、众麦2号、偃展4110为主，搭配种植豫麦70-36、平安6号等。

（2）豫中麦区：早中茬品种以矮抗58、周麦22、周麦18、郑麦366、众麦1号、豫麦49-198等为主导品种，搭配种植新麦26、漯麦8号、豫农416、许农5号、新麦19、郑育麦9987等；晚茬品种以郑麦9023、洛麦24、平安6号、开麦20为主导品种，搭配种植周麦23、西农9718等。

（3）豫东麦区：早中茬品种以周麦22、众麦1号、矮抗58、周麦18、百农160等为主，搭配种植周麦16、平安8号、新麦26、郑育麦9987等；中晚茬品种以太空6号、众麦2号、周麦23等为主。

（4）南阳盆地麦区：南部以弱春性品种为主，搭配种植半冬性早熟品种。主导品种以郑麦9023、邓麦996、开麦20等为主，搭配种植西农979、衡观35、豫农949等品种；北部地区以半冬性早熟品种为主，搭配种植弱春性品种，主导以西农979、衡观35、豫农949等为主，搭配郑麦9023、新麦21等。

（5）信阳稻茬麦区：主导品种豫麦18-99、郑麦9023、偃展4110等为主，搭配豫麦70-36、郑麦004、周麦21等。

（6）旱作麦区：以洛旱 6 号、洛旱 7 号、豫麦 41 等为主，搭配洛旱 8 号、漯优 7 号、西农 928 等品种。

2. 加大麦播期病虫害防治力度，确保防治效果　小麦播种期是预防或控制多种病虫害的关键时期，也是压低病虫发生基数，减轻中后期防治压力，降低防治成本，保证小麦安全生产的最有利时机。2012 年尤其要加大播种期小麦病虫的防控力度，确保土壤处理、种子包衣和药剂拌种全覆盖。2012 年河南省麦播期病虫害主要防治对象是全蚀病、纹枯病、根茎基腐病、黑穗病、孢囊线虫病、小麦吸浆虫和地下害虫等。具体措施：一要搞好种子检疫，防止含有检疫对象的病虫害通过种子传播扩散。二要强化农业防治措施，尤其是孢囊线虫病、黄花叶病重发区，一定要把推广高产、抗病品种作为首要防控措施。三要搞好种子处理。在全蚀病重发生区，应全部使用专用杀菌剂硅噻菌胺（全蚀净）进行种子包衣或拌种，对新病区和零星发生区，可在播种前采用 70%甲基硫菌灵（甲基托布津）、50%多菌灵或 50%福美双等药剂进行土壤处理。对于纹枯病、蠕孢菌根腐病、镰刀菌茎基腐病、黑穗病等发生区，可根据病虫危害情况选用戊唑醇（立克秀）、苯醚甲环唑、咯菌腈、苯醚·咯菌腈、多菌灵等按推荐剂量进行种子包衣或拌种，并兼治秋苗期锈病和白粉病。对地下害虫（蛴螬、蝼蛄、金针虫），可选用辛硫磷、毒死蜱等拌种，或使用颗粒剂进行土壤处理。要总结推广当年小麦赤霉病防控经验，及早谋划来年重大病虫防控工作，加强监测，提前预报，及早部署，精心组织，狠抓落实，将病害控制在点片和局部状态，确保小麦生产的顺利进行。各地应根据当地主要病虫种类，大力推广杀菌剂和杀虫剂各计各量混合拌种或种子包衣，坚决杜绝"白籽下地"，以有效控制麦播病虫危害，确保小麦安全生产。

3. 农机农艺措施相结合，切实提高整地质量　播前整地是创造小麦生长良好环境的基本措施，随着我省小麦产量水平不断提高，对整地质量的要求越来越高。各地要严格按照"秸秆还田地块必须深耕，旋耕播种地块必须耙实"的要求，夯实麦播基础，增强抗灾能力，力争全生育期管理主动。一要多方努力，扩大机械深耕、深松面积。搞好大中型农业机械的统一调配，在秋作物收获后，抓紧进行机耕，并保证做到机耕机耙相结合，切忌深耕浅耙，确保耙透、耙实、耙平、耙细。二要提高秸秆还田的质量。为加速秸秆腐解，减少病原菌和虫卵残留对小麦的影响，秸秆还田要在玉米收获后立即进行，并在秸秆施入土壤之前，用 50%百菌清 500 倍加 50%辛硫磷 1 000 倍喷洒秸秆。秸秆要充分粉碎切细，结合深耕掩埋，耙耱压实，使土壤达到松紧适宜，以利于小麦出苗和根系下扎。三要把旋耕地块耙实。旋耕后未压实的地块透风跑墒、易旱易冻，且极易造成深播弱苗、缺苗断垄。因此，所有旋耕麦田一定要耙实；连续旋耕 2~3 年的麦田必须深耕（深松）一次，以打破犁底层，提高土壤蓄水、保墒和供肥能力，促进根系下扎，增强抗灾能力。四要淮南和沿黄稻麦两熟区，播前要挖好"三沟"，排湿防渍，保证适时适墒播种。五要注意整地保墒，确保足墒播种。各地要按照"七分种、三分管"的要求，切实加强对农机手进行作业前培训，使其真正掌握整地质量标准和技术要领，提高田间作业质量和水平。

4. 继续推广配方施肥，提高肥料利用率　不断提高土壤肥力是持续增产的基础。各地要在大力推广秸秆还田、增施有机肥，持续培肥地力的基础上，继续实施测土配方施肥技术。麦田施肥总体原则为氮肥总量控制与分期调控相结合，测土确定磷钾肥用量，针对性补施微肥。亩产 500 kg 以上的高产田块，每亩总施肥量氮肥（纯氮）为 14~16 kg、磷肥（五氧化二磷）6~8 kg、钾肥（氧化钾）5~7 kg；亩产 400~500 kg 的地块，每亩总施肥量氮肥（纯氮）为 12~14 kg，磷肥（五氧化二磷）5~7 kg、钾肥（氧化钾）4~6 kg；400 kg 以下的低产田块，提倡氮磷并重，适当补充钾肥，一般亩施氮肥（纯氮）为 12~14 kg，磷肥（五氧化二磷）6~8 kg。高产麦田和种植优质强筋小麦的田块要大力推广氮肥后移技术，将全生育期施氮总量的 50% 做底肥，50% 拔节期结合浇水追施；中低产麦田 70% 底施，30% 追肥。在施肥技术上，要做到氮肥深施，磷、钾肥分层施，锌肥与细土拌匀后撒施；旱地麦田要求一次施足底肥；连续三年秸秆还田地块可酌情少施或免施钾肥；土壤有效锌含量低于 0.5 mg/kg，每亩施硫酸锌 1~2 kg；土壤有效硼含量低于 0.5 mg/kg，每亩施硼肥 0.2~0.4 kg。

5. 适期足墒播种，严格控制播量　足墒适期适量播种是保证麦播质量的关键，也是培育冬前壮苗、防止旺长冻害、构建合理群体结构的基础。为此，一要足墒播种。足墒播种是确保一播全苗的基础，秋种时若墒情适宜，可直接整地播种；墒情不足的地块，要及时造墒。在适期播种范围内，应掌握"宁可适当晚播，也要造足底墒"的原则，做到足墒下种，确保一播全苗。豫西旱地选择半冬性品种，可在 9 月底趁墒播种。二要掌握适宜播期。豫北麦区半冬性品种适播期为 10 月 5~15 日，弱春性品种为 10 月 13~18 日；豫中、豫东麦区半冬性品种为 10 月 7~18 日，弱春性品种为 10 月 15~23 日；豫南麦区半冬性品种为 10 月 12~20 日，弱春性品种为 10 月 20 日至 10 月底；豫西丘陵旱地麦区半冬性品种 9 月底至 10 月 15 日。各地要严禁弱春性品种越区域种植或过早播种。三要确定适宜播量。近年来，个别地方大播量现象十分突出，造成小麦冬春冻害，后期倒伏，病虫危害加重，加大了麦田管理难度，不利于产量的提高。小麦的适宜播种量应因品种特性、播种时期和地力水平等条件而定，并在播前要做好种子发芽试验。在适播期范围内，要大力推广半精量播种，高产田每亩基本苗控制在 12 万~14 万株；中低产田每亩基本苗控制在 15 万~20 万株；稻茬撒播麦田亩基本苗控制在 30 万以内。因灾延误播期或整地质量较差的麦田，应适当增加播量，每晚播 3 天亩播量增加 0.5 kg，但最高基本苗要控制在 30 万以内，并做到播深 3~4 cm，落种均匀。四要加大对多功能、智能化播种机械和精量宽幅播种机械等新型高效播种机具示范推广力度，积极推进小麦播种机械的更新换代和播后镇压。

二、冬前

（一）形势分析

麦播形势总体较好。一是麦播面积稳定，优质小麦生产稳步发展。2012 年全省小麦播种面积稳定在 8 000 万亩以上，优质强、中筋小麦品种面积占 75% 以上。二是麦播进度快，播期集中。2012 年我省麦播期间，天气晴好，大部分地区土壤墒情适宜，对麦播工作比较有利。全省麦播集中在 10 月 9~19 日，占麦播面积的 78.5%。三是主导品种突出，品种布局更加合理。2012 年各地矮抗 58、周麦 22、周麦 18、豫麦 49-198、郑麦 9023、郑麦 366 等小麦主导品种种植面积较大，占麦播总面积的 80% 左右。四是关键技术措施落实，麦播质量高。整地质量较高，各地在整地时认真落实"秸秆还田必须深耕、旋耕必须耙实"的要求，努力做到农艺农机紧密结合，深耕率达60%左右。测土配方施肥面积进一步扩大，全省推广6 550万亩。麦播病虫害防治力度大。小麦全蚀病防控面积达到1 650万亩，小麦吸浆虫和土传小麦病虫害重发区、常发区进一步扩大了土壤处理面积，全省土壤处理面积达到2 462.9万亩。全省绝大多数麦田出苗整齐、苗全、苗匀，麦苗长势正常。麦播过程中也存在一些不容忽视的问题，如部分麦田播种时口墒较差，影响小麦出苗生长；部分田块播量仍然偏大；少部分麦田整地质量不高，出苗不好，有缺苗断垄现象。

（二）应变技术

冬前麦田管理要在苗全、苗匀的基础上，促根增蘖，促弱控旺，协调好幼苗生长与养分储备的关系，培育壮苗，保苗安全越冬。我省小麦冬前壮苗指标为：越冬前温度0℃以上的积温达到500~600℃·d，越冬期幼穗分化进入单棱期至二棱期，个体主茎叶龄6叶1心到7叶1心，单株分蘖3~5个，单株次生根5~8条，分蘖缺位率低于15%，且生长健壮，无病虫草害。根据全省各地麦播基础调查，综合分析当前小麦生产形势，2012年我省冬前麦田管理要突出抓好以下几项关键技术措施。

1. 浇水补灌，促进苗足　小麦出苗的适宜土壤湿度为田间持水量的70%~80%。对于麦播时表墒较差的麦田应尽早浇蒙头水或喷灌补墒，并在墒情适宜时及时进行划锄，破除板结，以促进种子萌发和幼苗生长，确保每亩有足够的基本苗量。

2. 查苗补种，确保苗全　小麦出苗期间要及时查苗，对缺苗断垄（10 cm以上无苗为"缺苗"；17 cm以上无苗为"断垄"）的地方，要及早用同一品种的种子浸种后补种；或在小麦3叶期至4叶期，在同一田块中垧堆苗或稠密处选择有分蘖的带土麦苗，移栽至缺苗处。移栽时覆土深度要掌握"上不压心，下不露白"。补苗后踏实浇水，并适当补肥，确保苗全、苗匀。

3. 中耕镇压，促进苗壮　每次降水或浇水后都要适时中耕保墒，破除板结，改善土壤通气条件，促根蘖健壮发育。对于耕作粗放、坷垃较多的麦田，地面封冻前要进行镇压，压碎坷垃，弥补裂缝，可起到保温保墒的作用。压麦应在中午以后进行，以免早晨有霜冻镇压伤苗。盐碱地不宜镇压。

4. 及时冬灌，保苗安全越冬　对秸秆还田、旋耕播种、土壤悬空不实和缺墒的麦田必须进行冬灌，以踏实土壤，促进小麦盘根和大蘖发育，保苗安全越冬。冬灌的时间一般在日平均气温3℃左右时进行，在封冻前完成，一般每亩浇水量为40 m³，禁止大水漫灌，浇后及时划锄松土。

5. 因苗制宜，分类管理　对地力较差、底肥施用不足、有缺肥症状的麦田，应在冬前分蘖盛期结合浇水每亩追施尿素8~10 kg，并及时中耕松土，促根增蘖。对底肥充足、生长正常、群体和土壤墒情适宜的麦田冬前一般不再追肥浇水，只进行中耕划锄。对晚播弱苗，冬前可浅锄松土，增温保墒，促苗早发快长；这类麦田冬前一般不宜追肥浇水，以免降低地温，影响发苗。对群体过大过旺麦田，要及时进行深中耕断根或镇压，控旺转壮，中耕深度以7~10 cm为宜；也可喷洒壮丰安等抑制其生长。淮南稻茬麦田冬前还要做好清沟排水工作，做到沟沟相通、排水通畅，最大限度地降低麦田渍害。此外，各类麦田都要严禁畜禽啃青，伤害麦苗。

6. 及时防治病虫草害　冬前应重点做好麦田化学除草，同时加强对地下害虫、麦黑潜叶蝇和小麦胞囊线虫病的查治。对苗期受蛴螬、金针虫等地下虫为害较重的麦田，可每亩用 40%甲基异柳磷乳油或 50%辛硫磷乳油 500 mL 兑水 750 kg，顺垄浇灌进行防治。对于麦黑潜叶蝇发生严重的麦田，每亩用 40%氧化乐果 80 mL，加 4.5%高效氯氰菊酯 30 mL 对水 40~50 kg 喷雾；或用 1%阿维菌素 3 000~4 000 倍液喷雾，同时兼治小麦蚜虫和红蜘蛛。对于小麦胞囊线虫病发生严重田块，可用 5%线敌颗粒剂每亩 3.7 kg 顺垄撒施。防治野燕麦、节节麦、看麦娘、黑麦草等禾本科杂草，每亩可用 6.9%骠马乳油 60~70 mL 兑水进行叶面喷雾；防治播娘蒿、荠菜、猪殃殃等阔叶类杂草，每亩可用 75%苯磺隆干悬浮剂每亩 1.0~1.8 g，或 10%苯磺隆可湿性粉剂 10 g 加水 30~40 kg，均匀喷雾。防治时间宜选择日平均气温在 10 ℃以上、小麦 3~4 叶期、杂草 2 叶 1 心至 3 叶期时进行。麦田化学除草一定要严格按照说明书要求使用除草剂，并防止重喷或漏喷。

三、春季

（一）形势分析

全省小麦播种面积稳定，品种区域布局更趋合理，测土配方施肥和麦播病虫害防治面积进一步扩大，播种质量提高，麦播基础较好，冬前麦田管理工作扎实有效。据农情调度，全省越冬期一、二类苗面积占麦播总面积的 87.2%，较上年增加 1.4%，其中，安阳、鹤壁、焦作、新乡、濮阳、商丘、驻马店、周口等市一、二类苗占到 90%以上。全省绝大多数麦田群体适宜，个体健壮，且根系发育较好，分蘖缺位少，地上地下生长协调，小麦苗情是近年来较好的年份。

麦播以来气候条件总体对小麦生长发育有利。一是麦播时全省土壤墒情好。2012年 9 月下旬全省各地降水量在 0~49 mm，豫北和豫中部地区较常年同期偏多 1~2.6倍，实现了近年来少有的一播全苗。二是入冬后全省连续有 2~3 次的雨雪天气，有效补充了土壤水分，缓解了部分地区的轻旱。三是从 11 月中旬全省降温开始早、降温幅度大、持续时间长，有效抑制了播量大的麦田冬前旺长趋势，平稳降温有利于适期播种小麦的抗寒性锻炼和安全越冬。四是全省小麦根系明显好于去年，地上地下生长比较协调，全省小麦基本没有冻害发生。

当前我省小麦生产还存在一些不容忽视的问题，一是冬季低温来得早、降温幅度大、持续时间长，部分晚播麦田苗龄偏小、群体偏少、个体偏弱，生长量不足，播量大的麦田出现群体大、个体弱的现象。二是部分秸秆还田和旋耕播种镇压不实及沙性偏重的麦田，地面蒸发量大，土壤跑墒快，存在早春低温冻害和干旱加重的隐患。三是秋冬降雨降雪多，病虫越冬基数大，麦田杂草较多，存在春季重发的隐患。四是开春后的天气条件存在许多不确定因素，春季管理难度加大，防灾减灾夺丰收形势比较严峻。

（二）应变技术

根据当前我省小麦苗情，2013 年春季麦田管理的总体要求是加强动态监测，强化分类指导，科学运筹肥水，控旺苗稳长保蘖，促弱苗转化升级，构建合理群体，防控病虫草害，实现返青期促根增蘖，起身期壮蘖保穗数，拔节期稳穗攻粒数，夯实夏粮丰收基础。为此，要重点抓好以下关键技术措施。

1. 因地因苗制宜，科学分类肥水管理　对于越冬期亩群体平均在 80 万头左右、地力水平较高的一类麦田，春季管理要前控后促，保苗稳健生长，可在拔节中后期追肥浇水；对地力水平一般麦田，可在拔节初期结合浇水亩施尿素 15 kg 左右，以提高分蘖成穗率，促穗大粒多。

对于亩群体在 60 万头左右的二类麦田，可在起身期或拔节初期结合浇水亩追施尿素 10~15 kg，促苗稳健生长，提高分蘖成穗率。

对于亩群体在 45 万头以下的三类苗麦田要以促为主，麦苗返青时及早管理，肥水并举，先浇水，后追肥，亩追施尿素 8~10 kg；到拔节期结合浇水，再亩追施尿素 5~7 kg，以提高成穗率，促进小花发育，增加穗粒数。对叶色和生长正常的晚播麦田，如果麦田墒情适宜，要看天控制早春浇水，以免降低地温和土壤透气性而影响麦苗生长；对底肥施用量不足、叶色发黄的晚播麦田，要早浇水、早追施速效氮肥，以促苗早发快长，促弱转壮。

对于旺长麦田以控为主，早春一般不再浇水，可在返青至起身期采用镇压、深锄或喷施"壮丰胺"等措施进行控制，肥水管理推迟到拔节中后期两极分化结束时亩追尿素 15 kg，防止旺苗脱肥转弱。

对于没有水浇条件的旱地麦田，由于上年冬季寒潮来得早，持续低温时间长，麦苗生长量不足，群体偏小，个体偏弱，个别地块目前仍是单根独苗"一根针"。因此，开春后要早管细管，抓住早春土壤化冻或降雨雪后的有利时机，用施肥耧或开沟亩追施尿素 10 kg 左右，并配施适量磷酸二铵，保冬前分蘖成穗，促春生分蘖早发快长，争取穗数保产量。

对于淮南渍害较重的稻茬麦区，要及时清沟理墒、排涝降湿，防止遇连阴雨造成麦田渍害，确保小麦正常生长。

2. 加强预测预报，预防春季冻害　河南省春季气温回升快、起伏大，极易发生"倒春寒"。各地要根据天气预报，在寒流来临前，通过灌水改善土壤墒情和地表小气候环境，预防冻害发生。一旦发生冻害，要及时采取浇水追施速效化肥等补救措施，促小蘖赶大蘖，促进受冻麦苗尽快恢复生长，减轻灾害损失。

3. 综合防治病虫草害　各地应加强预测预报，重点监测小麦纹枯病、条锈病、赤霉病、吸浆虫和蚜虫等，选准合适药剂，做到早防早治，统防统治。尤其是对小麦条锈病，一定继续推广"准确监测，带药侦察，发现一点，控制一片"的防治经验，重点抓好沙河以南条锈病常发区，及时消灭发病中心，严防扩散蔓延。对小麦吸浆虫，要严把蛹期和成虫期两个关键环节进行防治。对于冬前没有进行化学除草的麦田，可在春季气温稳定通过 6 ℃ 以后，选择晴好天气于上午 10 时至下午 4 时，根据田间杂草种类，选择合适除草剂，及时进行化学除草，力争将病虫草害损失控制在 5% 以下。

4. 中耕镇压，增温保墒，促苗早发稳长　春季麦田中耕和镇压可以踏实土壤，弥实裂缝，保墒提温，促根壮蘖，增强抗旱防冻能力，促进麦苗早发稳长。各地要抓住春节大批劳动力回家过年的有利条件，广泛动员农民开展麦田中耕、镇压，有条件的地方要积极示范推广机械镇压，提高作业效率和质量。特别是旱地麦田，要普遍进行中耕、镇压，在春季麦田土壤化冻后及时采用中耕镇压、顶凌耙耱等措施，提墒保墒，抗旱保苗。

第四节　2013—2014 年度

一、麦播

（一）形势分析

2013 年麦播工作有利因素较多，一是领导高度重视。省委、省政府始终把发展粮食生产作为一项重要的政治任务，加强组织领导，强化目标管理，确保全省粮食持续稳定增产。二是政策更加有效。中央强农惠农富农政策力度不断加大，各级政府也出台相应配套政策，农民种粮积极性进一步提高。三是设施条件不断完善。高标准粮田建设扎实推进，基础设施条件进一步改善，抗灾减灾能力不断提升。四是农机农艺结合紧密。各地坚持良种、良法、良田、良机、良制相结合，集成组装了不同区域、不同产量水平的高产技术模式，高产创建示范带动作用进一步增强。五是种子、化肥、农药等农用物资准备充足。

麦播还面临一些不利因素，主要表现在：小麦生长后期遭遇强降雨，部分种子发生萌动现象，对苗全苗壮产生一定影响；秋季持续高温干旱，造成部分地区目前土壤墒情不足；部分地区秋作物成熟收获期提前，一些农户可能因抢墒早播造成冬前旺长。对此，各地一定要高度重视，提高认识，增强信心，客观分析麦播形势，充分发挥有利条件，克服不利因素影响，因地制宜采取针对性措施，努力提高整地播种质量，切实打好麦播基础。

（二）应变技术

1. 合理布局，科学用种，充分发挥良种增产优势　各地要根据近年来小麦品种在当地不同气候条件下的综合表现，对每个品种做出客观公正的评价，科学制定本地区秋播小麦品种布局和利用意见，进一步扩大主导品种种植面积，坚决杜绝小麦品种越区种植，真正做到主导品种突出，搭配品种合理，良种良法良田配套，最大限度地发挥良种的增产潜力。同时，各地要切实加强种子管理工作，重点抓好小麦种子质量抽查监测、市场管理、技术服务等工作，确保生产用种安全。

（1）豫北麦区：以半冬性中熟高产、优质品种为主导，可根据茬口需要选用少量弱春性品种。早中茬种植矮抗 58、周麦 22、众麦 1 号、郑麦 366、周麦 18、周麦 16、焦麦 266、平安 8 号、丰德存 1 号、新麦 26、豫麦 49-198、中育 12、郑麦 7698、洛麦 23、百农 160、豫教 5 号等品种，晚茬种植众麦 2 号、新麦 21、周麦 23、偃展 4110、怀川 916、花培 8 号、西农 9718 等品种，旱薄地种植洛旱 6 号、洛旱 7 号等品种。

（2）豫中部麦区：以半冬性中熟和中早熟品种为主导，晚茬搭配弱春性品种。早中茬种植矮抗58、周麦22、周麦18、众麦1号、郑麦366、西农979、衡观35、丰德存1号、郑麦7698、平安8号、许科1号、豫麦57、新麦26、豫农416等品种，晚茬种植平安6号、周麦23、兰考198、洛麦24、04中36、开麦20、西农9718等品种。

（3）东部麦区：以抗倒性好、耐倒春寒的半冬性中熟品种为主导。早中茬种植矮抗58、周麦22、众麦1号、豫麦49-198、周麦18、洛麦23、周麦24、泛麦8号、汝麦0319、豫教5号等品种，晚茬种植众麦2号、周麦23、兰考198、怀川916、开麦20等品种。

（4）南阳盆地麦区：早中茬种植郑麦7698、许科316、汝麦0319、丰德存1号、豫农202、郑麦379等半冬性早中熟品种，中晚茬种植郑麦9023、先麦10号、兰考198、洛麦24、众麦2号、偃展4110、豫麦70-36等弱春性品种。

（5）信阳稻茬麦区：主导品种以郑麦9023、偃展4110、先麦8号、邓麦996为主，搭配种植豫麦70-36、偃高006、扬麦20、南农0686等。

（6）旱作麦区：旱肥地种植洛旱6号、洛旱7号、洛旱8号、洛旱10号、洛旱11号、偃展9433等品种，旱薄地种植洛旱6号、洛旱7号、西农928等品种。

各地可依据新品种审定划定的区域范围，因地制宜积极示范推广周麦26、周麦27、中麦895、中新78、众麦998、郑麦583、郑麦379、中育9398、许科718、郑麦0856、漯麦18、洛麦01073等新品种。

2. 扩大机械深耕、深松面积，提升整地质量　"麦收胎里富，整地是基础。"当年因部分小麦种子发芽势偏弱，对整地质量提出更高要求，各地要严格按照"秸秆还田地块必须深耕、旋耕播种地块必须耙实"的技术要领，宣传引导群众，充分利用秋作物成熟收获早、腾茬整地时间充足的有利条件，科学精细整地，全面提高整地质量。要充分发挥农业机械特别是大中型机械、配套机械在"三秋"生产中的作用，努力扩大机械深耕、深松面积。对于连续旋耕2~3年的麦田必须深耕一次。深耕和旋耕麦田都要耙透、耙实、耙平、耙细，做到耕层加深、残茬拾净、表层不板结、下层不翘空、田面平坦。对于实施秸秆还田的麦田，要在玉米收获后，及时用秸秆还田机打2~3遍，尽量将玉米秸秆粉碎细，抛撒均匀，覆盖住地表，切实提高秸秆还田质量。要加强农机手作业前培训，使其真正掌握整地质量标准和技术要领，提高田间整地作业的质量。

3. 推进测土配方施肥技术，提高肥料利用率　测土配方施肥是实现小麦稳产高产的关键技术，也是持续培肥地力的重要基础。各地要按照"促增产、提效率、保安全"的要求，通过实施测土配方施肥"整建制"推进，强化农企对接，优化区域配方，充分利用现代信息技术，促进配方肥进村入户到田，实现节本增产增效。亩产600 kg以上的高产田块，每亩总施肥量为氮肥（纯氮）15~18 kg，磷肥（五氧化二磷）6~8 kg、钾肥（氧化钾）3~5 kg；亩产500 kg以上的高产田块，每亩总施肥量为氮肥（纯氮）13~15 kg，磷肥（五氧化二磷）6~8 kg、钾肥（氧化钾）3~5 kg；亩产400~500 kg的地块，每亩总施肥量为氮肥（纯氮）10~14 kg，磷肥（五氧化二磷）4~6 kg、钾肥（氧化钾）3~5 kg；亩产400 kg以下的田块，提倡氮磷并重，适当补充钾肥，一般亩施氮肥（纯氮）为8~10 kg，磷肥（五氧化二磷）4~5 kg。高产麦田和优质强筋麦田推广氮肥后移技术，氮肥50%作底肥，50%起身拔节期结合浇水追施；中低产麦田70%

底施，30%返青起身期追肥；无水浇条件的旱地麦田提倡所有肥料一次地施。在施肥技术上，要做到氮肥深施，磷、钾肥分层施，锌肥与细土拌匀后撒施；旱地麦田要一次施足底肥，春季趁墒追肥；土壤有效锌含量低于 0.5 mg/kg，每亩施硫酸锌 1~2 kg。积极示范推广缓释肥等新型肥料。

4. 加强病虫防控，提高防治效果　麦播期是预防和控制小麦病虫害的有利时机和关键环节。做好麦播期防控工作，不仅能够预防烂种死苗、控制小麦早期病虫发生危害，而且对小麦中后期病虫害也有延迟、控害作用。2013 年麦播期病虫害主要防控对象包括全蚀病、纹枯病、根腐病、黑穗病、孢囊线虫病、黄花叶病、锈病、白粉病、蚜虫和地下害虫。麦播期病虫防治要坚持"预防为主、综合防治"植保方针，树立"科学植保、公共植保、绿色植保"理念，并认真落实以下措施。

（1）加大检疫执法力度，确保小麦种子检疫合格，杜绝在疫区，尤其是全蚀病发生区安排种子繁育田，防止检疫性有害生物传播蔓延。

（2）积极推广健康栽培技术，提高小麦群体抗病虫能力。孢囊线虫病、黄花叶病重发区及南部条锈病早发重发区，要以种植抗耐病品种为首要防控措施。种子播种前要再次精选，去除病粒和破损粒。孢囊线虫病发生区要重点推广播种后镇压控病技术。

（3）加强种子包衣或药剂拌种，预防多种病虫害。全蚀病严重发生区，应全部使用专用杀菌剂硅噻菌胺悬浮剂拌种，一般发生区可采用苯醚甲环唑、苯醚甲环唑+咯菌腈等药剂处理种子。南部条锈病早发区和越冬区重点采用戊唑醇等三唑类杀菌剂进行包衣或拌种。其他大部麦区以纹枯病、根腐病、黑穗病、地下害虫为麦播期主要防控对象，兼防秋苗期锈病、白粉病和蚜虫，可根据病虫情况选择使用戊唑醇、苯醚甲环唑、咯菌腈、苯醚·咯菌腈等高效悬浮种衣剂等进行种子包衣预防病害，用吡虫啉悬浮种衣剂包衣预防虫害、黄矮病和丛矮病，两者混用可兼治病虫。要大力推广杀菌剂和杀虫剂混合包衣（拌种）技术，土传病害和地下害虫特别严重的田块，可以实施药剂土壤处理。药剂包衣拌种和土壤处理时，要严格按照农药安全使用规范进行操作或在植保技术人员指导下进行，防止药害和人畜安全事故发生。要充分发挥植保专业化服务组织的作用，大力推广以乡、村为单位，统一实施大中型机械包衣拌种或土壤处理，扩大专业化统防统治面积，杜绝白籽下种，确保麦播期病虫防控技术全覆盖，为全生育期控制小麦病虫害，保障小麦生产安全奠定坚实基础。

5. 科学确定播期播量，提高播种质量　足墒适期适量播种是培育小麦冬前壮苗的基础。各地要根据常年气候变化规律和当年麦播气候特点，以培育冬前壮苗为标准，严格把握播期，科学确定播量，做到适时适量足墒播种。一要足墒播种。在小麦适播期内，应按照"宁可适当晚播，也要造足底墒"的原则，做到足墒下种，确保一播全苗。若墒情适宜，可直接整地播种；若墒情不足，要提前造墒；如遇阴雨天气，要及时排除田间积水进行晾墒；豫西旱地要趁墒播种。二要适期播种。豫北麦区半冬性品种适播期为 10 月 5~15 日，弱春性品种为 10 月 13~20 日；豫中、豫东麦区半冬性品种为 10 月 10~20 日，弱春性品种为 10 月 15~25 日；豫南麦区半冬性品种为 10 月 15~25 日，弱春性品种为 10 月 20 日至 10 月底；豫西丘陵旱地麦区半冬性品种为 9 月底至 10 月 15 日。对秋作物收获偏早的地区，要精细整地保墒，确保适播期种，严禁抢时早播。三要适量播种。在适播期内，要因地、因种、因播期而异，分类确定播量。一般高产田每亩基本苗为 15 万~20 万株，中产田为 20 万~25 万株；稻茬撒播麦田为 30 万株左右。晚播麦田，应适当增加播量，每推迟一天播种，基本苗增加 1 万左右，但每亩基本苗最多不宜超过 30 万。四要严格掌握播种深度。各地要积极示范推广宽幅匀播新技术，科学确定播深，避免因播种过深，出现弱苗现象。播种深度以 3~5 cm 为宜。

二、冬前

（一）形势分析

全省麦播工作整体进展顺利，播种基础较好。一是麦播面积保持稳定。各项惠农政策有效调动了农民的种粮积极性，全省麦播面积继续稳定在 8 100 万亩以上。二是播期土壤墒情适宜。2013 年 8 月底以来全省连续出现大范围降水，其中 2013 年 9 月 7~19 日全省平均降水量达到 152 mm，10 月 18~21 日全省平均降水量为 36.9 mm，麦播底墒和表墒充足，有利于小麦播种和出苗。三是适期播种面积较大。受前期高温干旱和 9 月降水低温等影响，秋作物成熟收获较上年偏晚 7~10 天，麦播开始较上年偏晚 3~5 天，但由于"三秋"期间全省以晴好天气为主，麦播进度较快，播期相对集中，适期播种面积大。据统计，2013 年 10 月 8~20 日全省小麦播种面积达到 6 404 万亩，占预计麦播面积的 79%。四是关键技术落实到位，播种质量高。周麦 22、矮抗 58、郑麦 366、西农 979、郑麦 7023 和豫麦 49－198 等主导品种种植面积占全省麦播面积的 68.4%；深耕深松面积达 3 620 万亩；测土配方施肥面积达 6 800 万亩，其中配方肥施用面积近 3 500 万亩；小麦播期病虫害防控基本实现全覆盖，其中种子包衣、药剂拌种面积达到 7 400 万亩，土壤处理面积达到 2 600 万亩。全省绝大多数麦田苗齐苗匀，长势较好。

同时，也存在一些不容忽视的问题：一是部分地势低洼和土壤黏重地块因田间湿度大，造成播期偏晚，加之整地播种质量不高，存在缺苗断垄现象；二是一些旋耕播种地块，因播种较深，耙压不实，导致麦苗瘦弱；三是豫南部分麦田因播后遇雨，田间积水排除不及时，造成出苗不齐；四是由于大部分麦田土壤墒情好，草害较常年偏重发生。

（二）应变技术

根据全省各地麦播基础调查，综合分析小麦生产形势，2013 年我省冬前麦田管理要突出抓好以下几项关键技术措施。

1. 及早查苗补种　小麦出苗后要及时查苗，对部分因降雨偏多、田间渍涝或因整地粗放、播种质量差造成出苗不好的地块，要及早用同一品种的种子催芽补种；适期播种麦田如发现有缺苗断垄现象，可在小麦 3 叶期至 4 叶期进行疏苗移栽，即在同一田块中圃堆苗或稠密处选择有分蘖的带土麦苗，移栽至缺苗处。移栽时要选择带有分蘖的麦苗，覆土深度要掌握上不压心，下不露白，并踏实浇水，适当补肥，保苗成活。

2. 适时中耕镇压　在分蘖盛期对麦田普遍进行中耕，尤其是对土壤偏湿、土壤黏重的地块，要及时中耕划锄，破除板结，提高地温，除草保墒，促根蘖健壮生长；对晚播小麦可浅耕划锄，增温保墒，促苗早发快长；对旋耕播种或秸秆还田未压实的麦田要及时进行镇压，踏实土壤；对越冬前群体过大过旺麦田，可采取深中耕与镇压相结合的措施，抑制生长，控旺转壮，保苗安全越冬。

3. **科学肥水管理**　对土壤墒情适宜、长势正常的麦田，冬前无须追肥浇水，以利根系下扎，保苗稳健生长。对地力较差，底肥施用不足，有缺肥症状的麦田，应在冬前分蘖盛期结合浇水亩追施尿素 8~10 kg，促根增蘖。对秸秆还田、旋耕播种麦田或整地粗放、土壤悬空不实麦田必须进行冬灌。冬灌的时间一般在日平均气温为 3 ℃时进行，在大冻前完成，浇后及时划锄松土。对于旱地麦田，可采用中耕镇压，并用粉碎的秸秆或粪土覆盖，以达到保墒增温的效果，确保麦苗安全越冬。

4. **防好病虫草害**　冬前是麦田化学除草最有利的时机，各地要根据杂草种类适时开展化学除草。防治野燕麦、节节麦、看麦娘、黑麦草等禾本科杂草，每亩用 6.9%骠马乳油 60~70 mL 兑水进行叶面喷施；防治播娘蒿、荠菜、猪殃殃等阔叶类杂草，每亩可用 75%苯磺隆干悬浮剂 1.0~1.8 g，或 10%苯磺隆可湿性粉剂 10 g 加水 30~40 kg，均匀喷雾。防治时间宜选择日平均气温在 10 ℃以上、小麦 3~4 叶期、杂草 2 叶 1 心至 3 叶期进行。麦田化学除草一定要严格按照说明书要求使用除草剂，防止重喷或漏喷。小麦纹枯病发生地块，在病株率达 15%时，选择使用三唑酮、烯唑醇、戊唑醇等药剂进行喷雾，隔 7~10 天喷药 1 次，连喷 2~3 次，要注意将药液喷淋在麦株茎基部，同时不要偏施氮肥。对全蚀病、根腐病发生较重田块，用上述三唑类药剂喷淋或灌根。对苗期受地下虫危害较重的麦田，可用 40%辛硫磷乳油 250 mL 或 40%甲基异柳磷乳油 250 mL 或 40%毒死蜱乳油 20 mL 拌细土 25 kg 顺麦垄撒施进行防治。

5. **抓好防灾减灾**　各地要及早制订防灾减灾预案，努力把灾害造成的损失降到最低程度。稻茬麦区或其他低洼易涝麦田，要及时清理沟渠，防止渍涝危害；对播种早、有旺长趋势的麦田，做好镇压控旺，防止冬前旺长；遇到剧烈的强降温天气，要在寒潮来临之前及时浇水防冻；如遇干旱，要及时进行麦田灌溉，保苗正常生长、安全越冬。

6. **防止牲畜啃青**　近年来，河南省部分地方存在畜禽啃青现象，对小麦生长发育影响较大。各地要加大宣传力度，采取有效措施，加强看管监督，严禁畜禽啃青。

三、春季

（一）形势分析

全省小麦生产总体态势良好。一是全省小麦播种基础较好。抗旱保麦播取得全面胜利，小麦播种面积稳中有增，持续稳定在 8 000 万亩以上，适期播种比例达 92.8%；主导品种更加突出，布局更趋合理；麦播关键技术落实到位，深耕深松、秸秆还田、测土配方施肥、播期病虫害防控面积进一步扩大。二是冬前管理成效明显。2013 年 11 月 3 次大范围降水，对部分晚播小麦出苗和已播种出苗小麦苗期生长非常有利，各地抓住有利条件，扎实开展中耕、追肥、化除等冬前麦田管理工作，取得明显成效。三是越冬期苗情较好。由于冬季气温偏高，有利于麦苗生长，全省小麦一类苗比例达到 55.5%，较上年增加 4.5%，一、二类苗合计达 86%，越冬期苗情整体较好，属正常年景。四是土壤墒情较为适宜。2014 年 2 月 4~7 日全省普降中到大雪，平均降水量达到

17.3 mm，有效地改善了土壤墒情，补充了土壤水分，使旱情基本解除。

当前河南省小麦生产存在的主要问题：一是苗情类型复杂，地区间差异大。受麦播期间长时间持续干旱高温的影响，全省小麦播期拉长，导致苗情类型复杂。全省 18 个省辖市中有 10 个市麦田群体适宜、个体生长健壮，一、二类苗比例高于 90%，其余 8 个市越冬期苗情偏差。其中，郑州、洛阳、许昌、三门峡、济源等地因旱播种偏晚田块，冬前生长量不足，加之受冬季雾霾影响，群体偏小、个体偏弱；周口、驻马店、南阳等地抢墒播种、播量偏大地块，受冬季气温偏高影响，旺长趋势明显，全省旺长苗达 218 万亩，比上年多 121.4 万亩。二是病虫草害呈偏重发生态势。由于冬季气温偏高，麦田越冬病源、虫源基数大，杂草较多，病虫草害将呈偏重发生态势。此外，春季气候不确定因素多，"倒春寒"等不利天气出现可能性较大。

（二）应变技术

根据当前我省小麦苗情特点，2014 年春季麦田管理的总体要求是：加强动态监测、强化分类指导，科学运筹肥水，控旺苗稳健生长，促弱苗转化升级，构建合理群体，预防春季冻害，及时防控病虫草害，实现返青期促根系增分蘖，起身期壮分蘖保穗数，拔节期稳穗数攻粒数，夯实夏粮丰收基础。为此，要重点抓好以下关键措施。

1. 因地因苗制宜，科学运筹肥水　返青前每亩总茎数在 80 万头左右、地力水平较高的一类麦田，春季管理要前控后促，保苗稳健生长，可在拔节中后期追肥浇水，亩施尿素 10 kg 左右；对地力水平一般的麦田，可在拔节初期结合浇水亩施尿素 10~15 kg，以提高分蘖成穗率，促穗大粒多。

返青前每亩总茎数在 70 万左右的二类麦田，可在起身期或拔节初期结合浇水每亩追施尿素 15 kg 左右，促苗稳健生长，提高分蘖成穗率。

返青前每亩总茎数在 40 万以下的三类麦田，要以促为主，应及时进行肥水管理，春季追肥可分两次进行。第一次在返青期，随浇水每亩追施尿素 5~8 kg；第二次在拔节期随浇水每亩追施尿素 5~10 kg，以提高成穗率，促进小花发育，增加穗粒数。对叶色和生长正常的晚播麦田，如果麦田墒情适宜，要控制早春浇水，以免降低地温和土壤透气性而影响麦苗生长；对底肥施用量不足、叶色发黄的晚播麦田，要早浇水，早追施速效氮肥，以促苗早发快长，促弱转壮。

返青前每亩总茎数大于 90 万、有旺长趋势且无脱肥现象的麦田，早春镇压蹲苗，以控为主，避免过多春季分蘖发生，肥水管理推迟到拔节中后期，每亩追施尿素 8~10 kg；对有脱肥现象的旺长麦田，可在起身期结合浇水每亩追施尿素 10~15 kg，防止旺苗脱肥转弱。

对没有水浇条件的旱地麦田，开春后要早管细管，抓住早春土壤化冻或降雨雪的有利时机，用施肥耧或开沟亩追施尿素 10 kg 左右，并配施适量磷酸二铵，保冬前分蘖成穗，促春生分蘖早发快长，争取穗数保产量。

此外，豫南稻茬麦田还要及时清沟理墒，防渍防旱，确保麦田排水畅通，做到雨止田干、沟无积水。

2. 中耕镇压，控旺促壮　春季麦田中耕和镇压可以踏实土壤，弥实裂缝，防旱保墒，促根壮蘖，增强抗旱防冻能力，促进麦苗稳健生长。对于冬前群体偏大，开春后有继续旺长趋势的麦田，返青至起身期可采取深中耕断根、镇压措施，或在小麦起身期喷施化学调节剂，抑制基部节间伸长，控制旺长，防止小麦生育后期发生倒伏。对于无水浇条件的旱地麦田，在土壤化冻后及时采用中耕镇压等措施，提墒保墒，促进根系和麦苗生长。

3. 密切关注天气变化，防止晚霜冻害　我省春季气温回升快、起伏大，极易发生"倒春寒"。各地要密切关注天气变化，特别是对于前期生长偏旺的麦田，要在寒流来临前及时进行浇水，以调节近地面层小气候，减小地面温度变幅，预防早春冻害发生。一旦发生冻害，要及时采取浇水、追肥等补救措施，促进受冻小麦尽快恢复生长，将冻害损失降到最低程度。

4. 加强预测预报，综合防治病虫草害　春季是小麦病虫害多发时期，各地应重点加强小麦条锈病、纹枯病、赤霉病、白粉病、叶锈病、吸浆虫、麦蚜、麦蜘蛛等"五病三虫"和杂草的监测预报，及时开展综合防控。小麦返青后至拔节前是春季麦田化学除草的关键时期，各地要根据草情、草相，选准合适药剂，采用适宜剂量，科学开展麦田杂草防除。小麦返青拔节期也是纹枯病和麦蜘蛛防治的有利时机，可结合化学除草，及早喷药控制。对沙河以南小麦条锈病常发区，要推广"准确监测、带药侦察、发现一点、控制一片"的策略，采用三唑酮、烯唑醇、戊唑醇、氟环唑、菌晴唑、丙环唑等高效药剂，及时控制零星病叶和发病中心，田间平均病叶率达到0.5%时，应组织开展区域性统一防治，防止其大面积流行。对小麦吸浆虫，北部高密度区域要重点抓好蛹期撒毒土和成虫期喷药防治等两个关键环节，一般发生区要做好抽穗至扬花前的成虫防治。重发生区成虫防治要根据羽化进度连续用药2次，间隔3天。在小麦抽穗扬花期遇有连续阴雨、多露和多雾天气，要全面预防小麦赤霉病，坚决防止其暴发流行。在小麦抽穗至灌浆期，大力开展"一喷三防"，将杀菌剂、杀虫剂和植物生长调节剂或叶面肥等科学配伍、混合喷洒，综合控制小麦后期白粉病、锈病、赤霉病、叶枯病、蚜虫等多种病虫危害。

第五节　2014—2015年度

一、麦播

（一）形势分析

2014年麦播工作有诸多有利条件，一是领导更加重视。省政府首次把粮食生产纳入目标考核，层层签订了目标责任书。二是生产条件明显改善。截至2014年7月底，全省已累计完善新建高标准粮田3 279万亩，抗灾减灾能力进一步增强。三是农资供应充足。2014年我省小麦种子数量充足，且籽粒饱满、色泽好、发芽率高，能够满足秋播用种需求；肥料、农药货源充足，价格较去年偏低。四是农机作业准备充分。预计"三秋"期间全省将投入各种农业机械450万台（套），可确保收秋、腾茬、整地、播种需要。五是土壤墒情总体趋好。自2014年8月底以来，全省连续出现大范围降水过程，有效补充了土壤水分，有利于适期适墒播种。六是科技支撑能力进一步增强。小麦规范化播种技术和分区丰产高效集成技术渐趋成熟，万名包村科技人员全力以赴服务麦播工作。

2014 年麦播工作还面临一些问题，一是受前期高温干旱和持续低温阴雨影响，为适期播种带来困难。二是由于秋作物成熟收获期推迟，腾茬整地时间紧，影响整地播种质量。三是连年旋耕面积大，耕层浅，不镇压，表层土壤过于悬松，透风跑墒，易旱易冻。各级农业部门一定要增强工作的责任感，因地制宜采取针对性措施，努力提高整地播种质量，奠定夏粮丰收基础。

（二）应变技术

1. 搞好品种区域化布局，因地制宜选好品种　各地要按照"主导品种突出，搭配品种合理"的要求，根据近年来小麦品种在不同地区、不同气候条件下的表现，立足抗灾减灾，分区科学制定小麦品种布局利用意见，引导农民科学选用品种，充分发挥品种增产潜力。

（1）豫北麦区：早中茬以矮抗 58、周麦 22、郑麦 366、周麦 18、周麦 16 为主，搭配众麦 1 号、平安 8 号、丰德存麦 1 号、周麦 27、豫麦 49－198、中育 9398、郑麦 7698、洛麦 23、豫教 5 号、百农 207、中麦 895 等品种；晚茬种植众麦 2 号、周麦 23、偃展 4110、怀川 916 等品种。

（2）豫中部麦区：早中茬以矮抗 58、周麦 22、周麦 18、豫麦 49－198 为主，搭配种植郑麦 366、西农 979、丰德存麦 1 号、郑麦 7698、平安 8 号、许科 1 号、周麦 16、豫教 5 号、豫农 416、百农 207、周麦 26、周麦 27 等品种；晚茬种植周麦 23、兰考 198、洛麦 24、开麦 20 等品种。

（3）东部麦区：早中茬以矮抗 58、众麦 1 号、周麦 22 为主，搭配种植西农 979、豫麦 49－198、洛麦 23、周麦 24、泛麦 8 号、汝麦 0319、中麦 985、豫教 5 号、百农 207、周麦 27、周麦 28 等品种；晚茬种植众麦 2 号、周麦 23、兰考 198、怀川 916、开麦 20 等品种。

（4）南阳盆地麦区：早中茬种植西农 979、衡观 35 等半冬性早中熟品种；晚茬种植郑麦 9023、偃展 4110、豫麦 70－36、先麦 8 号、先麦 10 号、兰考 198、洛麦 24、众麦 2 号等弱春性品种。

（5）信阳稻茬麦区：主导品种以偃展 4110、郑麦 9023 为主，搭配种植西农 979、衡观 35 等品种。

（6）旱作麦区：旱肥地以洛旱 6 号、洛旱 7 号、豫麦 49－198 为主，搭配种植洛旱 8 号、洛旱 10 号、焦麦 668、中麦 175、偃佃 9433 等品种；旱薄地以洛旱 6 号、洛旱 7 号为主，搭配种植西农 928 等品种。

2. 坚持农机农艺融合，切实提高整地质量　各地麦播前要突出抓好以深耕（松）、镇压为主要内容的高质量整地技术的落实，充分发挥大中型农业机械在"三秋"生产中的作用，努力扩大深耕面积。旋耕播种的麦田，旋耕深度应达到 15 cm 以上，且必须镇压耙实；连续旋耕 2~3 年的麦田必须深耕或深松，以加深耕层，并做到机耕机耙相结合，切忌深耕浅耙；秸秆还田的麦田，要做到切碎、撒匀、深翻、压实。

3. 大力推广配方施肥，提高肥料利用率　各地要在大力推广秸秆还田、增施有机肥的基础上，按照"氮肥实行总量控制，分期调控；氮、磷、钾合理配施；有针对性地增施中微量元素肥料"的原则，科学配方施肥。亩产 300~400 kg 麦田，一般每亩施纯氮 10~12 kg、磷（五氧化二磷）4~6 kg、钾（氧化钾）4~6 kg；亩产 400~500 kg 麦田，每亩施纯氮 12~14 kg、磷（五氧化二磷）6~7 kg、钾（氧化钾）5~6 kg；亩产 500~600 kg 麦田，每亩施纯氮 14~16 kg、磷（五氧化二磷）7~8 kg、钾（氧化钾）6~8 kg。土壤有效磷、速效钾含量丰富的麦田，适当减少磷钾肥用量；连年秸秆还田的麦田可酌情少施或不施钾肥，并注意适当增施氮素化肥。中高产麦田和种植优质强筋小麦的田块，要大力推广氮肥后移技术；秋季减产严重或绝收田块要充分考虑上季肥料利用率，适当降低麦播底肥施用量。

4. 加强播期病虫防控，提高防治效果　小麦播种期是预防或控制多种病虫害的关键时期，也是压低病虫基数，降低生产成本，减轻中后期防治压力的最有利时机。各地应狠抓关键技术落实，坚决杜绝"白籽下地"，力争实现麦播病虫防治全覆盖。要继续加大小麦全蚀病除害处理力度，重发区要统一实施硅噻菌胺悬浮剂拌种；一般发生区可选用苯醚甲环唑、苯醚甲环唑+咯菌腈等进行种子处理；新病区和零星发生区，要采取土壤药剂处理加药剂拌种等综合措施，予以铲除；无病区应加强种子检疫，把好关口，严防病害传入。要全面推广药剂拌种和土壤处理技术，以小麦纹枯病、条锈病、茎基腐、根腐病和地下害虫为重点，选用三唑酮、三唑醇、戊唑醇、苯醚甲环唑等药剂进行种子包衣和药剂拌种。防治地下害虫可选用辛硫磷或毒死蜱拌种。对土传病害重发田、地下害虫和吸浆虫高密度地块，应进行土壤处理。在多种病虫混发区，要推广杀菌剂和杀虫剂混合拌种，做到"一拌多效"。要充分发挥植保专业化服务组织的作用，统一采用大中型机械进行种子包衣和药剂拌种，努力扩大统防统治面积。

5. 落实规范化播种技术，切实提高麦播质量　一要适期播种。秋作物腾茬偏早的地区，要防止抢时早播；秋作物收获偏晚的地区，要抓紧腾茬，精细整地播种；豫南和低洼易涝地区，若播期遇连阴雨，要及时排除田间积水，确保适期播种；晚播麦田要大力推广"四补一促"增产技术，确保高质量播种。二要适量播种。一般高产田每亩基本苗为 15 万~20 万株；中产田为 20 万~25 万株；晚播麦田应适当增加播量，每亩基本苗最多不宜超过 30 万株；稻茬撒播麦田每亩基本苗为 30 万株左右；高标准良田和高产创建示范方，要大力推行小麦宽幅播种技术。三要适墒播种。对麦播时土壤墒情不足的麦田，应造墒播种。

二、冬前

（一）形势分析

全省麦播工作整体进展顺利，播种基础较好。一是麦播面积保持稳定。各项惠农政策有效调动了农民的种粮积极性，全省麦播面积继续稳定在 8 100 万亩以上。二是播期土壤墒情适宜。2014 年 8 月底以来全省连续出现大范围降水，其中 2014 年 9 月 7~19 日全省平均降水量达到 152 mm，10 月 18~21 日全省平均降水量为 36.9 mm，麦播底墒和表墒充足，有利于小麦播种和出苗。三是适期播种面积较大。受前期高温干旱和

2014年9月降水低温等影响，秋作物成熟收获较上年偏晚7~10天，麦播开始较上年偏晚3~5天，但由于"三秋"期间全省以晴好天气为主，麦播进度较快，播期相对集中，适期播种面积大。据统计，10月8~20日全省小麦播种面积达到6 404万亩，占预计麦播面积的79%。四是关键技术落实到位，播种质量高。周麦22、矮抗58、郑麦366、西农979、郑麦7023和豫麦49-198等个主导品种种植面积占全省麦播面积的68.4%；深耕深松面积达3 620万亩；测土配方施肥面积6 800万亩，其中配方肥施用面积近3 500万亩；小麦播期病虫害防控基本实现全覆盖，其中种子包衣、药剂拌种面积达到7 400万亩，土壤处理面积达到2 600万亩。全省绝大多数麦田苗齐苗匀，长势较好。

同时，也存在一些不容忽视的问题：一是部分地势低洼和土壤黏重地块因田间湿度大，造成播期偏晚，加之整地播种质量不高，存在缺苗断垄现象；二是一些旋耕播种地块，因播种较深，耙压不实，导致麦苗瘦弱；三是豫南部分麦田因播后遇雨，田间积水排除不及时，造成出苗不齐；四是由于大部分麦田土壤墒情好，草害较常年偏重发生。

(二) 应变技术

根据全省各地麦播基础调查，综合分析当前小麦生产形势，2014年河南省冬前麦田管理要突出抓好以下几项关键技术措施。

1. 及早查苗补种　小麦出苗后要及时查苗，对部分因降雨偏多、田间渍涝或因整地粗放、播种质量差造成出苗不好的地块，要及早用同一品种的种子催芽补种；适期播种麦田如发现有缺苗断垄现象，可在小麦3叶期至4叶期进行疏苗移栽，即在同一田块中堌堆苗或稠密处选择有分蘖的带土麦苗，移栽至缺苗处。移栽时要选择带有分蘖的麦苗，覆土深度要掌握上不压心，下不露白，并踏实浇水，适当补肥，保苗成活。

2. 适时中耕镇压　在分蘖盛期对麦田普遍进行中耕，尤其是对土壤偏湿、土壤黏重的地块，要及时中耕划锄，破除板结，提高地温，除草保墒，促根蘖健壮生长；对晚播小麦可浅耕划锄，增温保墒，促苗早发快长；对旋耕播种或秸秆还田未压实的麦田要及时进行镇压，踏实土壤；对越冬前群体过大过旺麦田，可采取深中耕与镇压相结合的措施，抑制生长，控旺转壮，保苗安全越冬。

3. 科学肥水管理　对土壤墒情适宜、长势正常的麦田，冬前无须追肥浇水，以利根系下扎，保苗稳健生长。对地力较差，底肥施用不足，有缺肥症状的麦田，应在冬前分蘖盛期结合浇水亩追施尿素8~10 kg，促根增蘖。对秸秆还田、旋耕播种麦田或整地粗放、土壤悬空不实麦田必须进行冬灌。冬灌的时间一般在日平均气温为3℃时进行，在大冻前完成，浇后及时划锄松土。对于旱地麦田，可采用中耕镇压，并用粉碎的秸秆或粪土覆盖，以达到保墒增温的效果，确保麦苗安全越冬。

4. 防好病虫草害　冬前是麦田化学除草最有利的时机，各地要根据杂草种类适时开展化学除草。防治野燕麦、节节麦、看麦娘、黑麦草等禾本科杂草，每亩用6.9%骠马乳油60~70 mL兑水进行叶面喷施；防治播娘蒿、荠菜、猪殃殃等阔叶类杂草，每亩可用75%苯磺隆干悬浮剂1.0~1.8 g，或10%苯磺隆可湿性粉剂10 g加水30~40 kg，均匀喷雾。防治时间宜选择日平均气温在10℃以上、小麦3~4叶期、杂草2叶1心至

3 叶期进行。麦田化学除草一定要严格按照说明书要求使用除草剂，防止重喷或漏喷。小麦纹枯病发生地块，在病株率达 15% 时，选择使用三唑酮、烯唑醇、戊唑醇等药剂进行喷雾，隔 7~10 天喷药 1 次，连喷 2~3 次，要注意将药液喷淋在麦株茎基部，同时不要偏施氮肥。对全蚀病、根腐病发生较重田块，用上述三唑类药剂喷淋或灌根。对苗期受地下虫危害较重的麦田，可用 40% 辛硫磷乳油 250 mL 或 40% 甲基异柳磷乳油 250 mL 或 40% 毒死蜱乳油 20 mL 拌细土 25 kg 顺麦垄撒施进行防治。

5. 抓好防灾减灾　各地要及早制订防灾减灾预案，努力把灾害造成的损失降到最低程度。稻茬麦区或其他低洼易涝麦田，要及时清理沟渠，防止渍涝危害；对播种早，有旺长趋势的麦田，做好镇压控旺，防止冬前旺长；遇到剧烈的强降温天气，要在寒潮来临之前及时浇水防冻；如遇干旱，要及时进行麦田灌溉，保苗正常生长、安全越冬。

6. 防止牲畜啃青　近年来，我省部分地方存在畜禽啃青现象，对小麦生长发育影响较大。各地要加大宣传力度，采取有效措施，加强看管监督，严禁牲畜啃青。

三、春季

(一) 形势分析

2015 年我省小麦生产形势整体较好。一是麦播面积稳中有增，播种基础总体较好。全省麦播面积达到 8 170 万亩，比上年增加 60 万亩。大部分小麦适期播种，且播种质量高，为培育冬前壮苗奠定了坚实的基础。二是冬前管理成效显著，越冬期苗情较好。据农情调度，全省一、二类苗面积占 89.9%，较上年提高 3.9%，三类苗占 7.8%，较上年减少 3.5%，旺长苗持平略减，绝大多数麦田苗情长势均衡，越冬期苗情是近年来较好的一年，尤其是丘陵旱地小麦苗情明显好于上年。三是麦田群体适宜，个体发育良好。全省一类苗平均亩群体 78.5 万头，分蘖 3.9 个，次生根 6.6 条，主茎叶龄 6.2 片，与上年相当。二类苗平均亩群体 61.1 万头，分蘖 2.9 个，次生根 5.1 条，主茎叶龄 5.4 片，分别较上年增加 0.7 万头、0.2 个、0.7 条、0.2 片。一、二类苗基本达到壮苗越冬的标准，个体发育好于上年。四是气候条件总体有利，土壤墒情较为适宜。2014 年 9 月全省平均降水量达到 155 mm，麦播后期及 11 月底全省出现 2 次较大范围降水过程，对小麦正常出苗及壮苗越冬极为有利；2015 年元月下旬黄河以南大部分地区普降中到大雪，2 月 18~19 日豫东、豫南等部分地区又出现小到中雨降水过程，有效补充了土壤墒情，除部分地区表墒不足外，大部分地区土壤墒情总体较好。

尽管形势总体较好，但也存在一些不容忽视的问题，一是部分麦田旱象抬头。自 2014 年 11 月以来，豫北、豫西等地降水较少，部分没有浇过越冬水和播种质量不高的麦田旱象开始抬头；二是由于冬季气温持续偏高，部分麦田病虫草害发生较重，一些播种偏早、播量偏大和肥水充足的麦田，出现明显旺长趋势，存在春季冻害和后期倒伏早衰的潜在危险；三是豫南稻茬麦田和部分低洼地区由于适宜播种期内连续降水，播期推迟，小麦分蘖和次生根少，长势偏弱；四是气候条件存在诸多不确定因素，防灾减灾任务重。

(二) 应变技术

根据当前河南省小麦生产形势，当年春季麦田管理的总体要求是加强动态监测，突出防灾减灾，强化分类指导，科学运筹肥水，综合防控病虫草害，促弱苗早发增蘖，稳壮苗生长保蘖，控旺苗过多分蘖，构建合理群体结构，搭好丰产架子，夯实夏粮丰收基础。重点抓好以下关键技术措施。

1. 镇压划锄，保苗稳健生长　对于播种时整地粗放、坷垃多、土壤翘空的麦田，要及时镇压，沉实土壤，弥合裂缝，减少水分蒸发，促进根系生长；对于播种偏早、播量偏多、群体过大过旺麦田，应在返青起身期普遍进行镇压，抑制生长，控旺转壮；对于无水浇条件的旱地麦田，早春应及时镇压化锄，一般应先压后锄，踏实土壤、弥实裂缝，提墒保墒，促进麦苗早发稳长；对浇水后麦田要及时进行划锄，破除板结，保墒增温，防止或减轻冻害威胁。

2. 强化分类管理，科学运筹肥水　对于返青期每亩总茎数在 80 万头左右、地力水平较高的一类麦田，春季管理要前控后促，保苗稳健生长，可在拔节中后期结合浇水，每亩追施尿素 10 kg 左右；对地力水平一般麦田，可在拔节初期结合浇水亩施尿素 15 kg 左右，以提高分蘖成穗率，促穗大粒多。

对于返青期每亩总茎数在 70 万头左右的二类麦田，可在起身期或拔节初期结合浇水亩施尿素 15 kg 左右，促苗稳健生长，提高分蘖成穗率，培育壮秆大穗。若开春后旱情继续发展，二类麦田应趁早浇水，保苗正常生长。

对于返青期每亩总茎数在 50 万头以下的三类麦田，要以促为主，春季追肥可分两次进行。第一次在返青期 5 cm 地温稳定 3 ℃以上时随浇水每亩施尿素 5~8 kg 和适量磷酸二铵；第二次在拔节期随浇水每亩追施尿素 5~10 kg，以提高成穗率，促进小花发育，增加穗粒数；对叶色和生长正常的晚播弱苗麦田，要控制早春浇水，以免降低地温和土壤透气性而影响麦苗生长。

对于返青期每亩总茎数大于 90 万头有旺长趋势的麦田，早春以控为主，镇压蹲苗，避免过多春季分蘖发生，肥水管理可推迟至拔节中后期两极分化结束时，结合浇水亩追尿素 10~15 kg，若有脱肥症状，追肥浇水时间可适当提前，以防旺苗脱肥转弱。

对于没有水浇条件的旱地麦田，要将镇压提墒作为春季麦田管理的重点措施，并抓住降雨、雪后的有利时机，用施肥耧或开沟亩追施尿素 10 kg 左右，并配施适量磷酸二铵，保冬前分蘖成穗，促春生分蘖早发快长，争取穗数保产量。

对于淮南渍害较重的稻茬麦田，要及时清沟理墒、排涝降湿，防止遇连阴雨造成麦田渍害，确保小麦正常生长。

3. 选准合适农药，综合防治病虫草害　各地应加强预测预报，重点监测小麦纹枯病、条锈病、根腐病、红蜘蛛、吸浆虫和蚜虫等，选准合适药剂，早防早治，统防统治。小麦返青期，防治纹枯病，每亩可用 5% 井冈霉素水剂 200~250 mL、12.5% 烯唑醇 30 g、20% 三唑酮乳油 60~80 mL，兑水 50~60 kg，对准小麦茎基部喷雾，可以兼治小麦根腐病、全蚀病等，早控条锈病。对小麦条锈病，继续推广"准确监测，带药侦察，发现一点，控制一片"的经验，尤其是对沙河以南条锈病发生的源头区和重点流行区，要及时消灭发病中心，防止扩散蔓延，在 2015 年 4 月下旬和 5 月初普遍进行喷药防治；防治红蜘蛛，用 1.8% 阿维菌素 3 000~4 000 倍液或 20% 哒螨灵 15 000 倍液喷雾。小麦吸浆虫要严把蛹期和成虫期两个关键环节，4 月中下旬组织吸浆虫普查，准确监测发生面积、虫口密度和化蛹时间，在化蛹盛期，每亩用3%辛硫磷颗粒剂2~3kg或48%毒死蜱乳油200mL，拌细土20kg顺麦垄撒施，施药后如无降水应适当浇水。对于冬前没有进行化学除草的麦田，可在春季气温稳定通过6℃以后，选择晴好天气于上午10时至下午4时，根据田间杂草种类，选择合适除草剂，及时进行化学除草，力争将病虫草害损失控制在5%以下。对于生长偏旺、田间过早封行的麦田，由于药液喷洒不到地面，除草效果不好，应采取中耕或人工拔除措施灭除杂草。防治病虫草害要严格按照农药的推荐剂量、适宜浓度、使用时期和技术操作规程施药，以免发生药害。

4. 加强监测预报，重点防范"三灾"

（1）预防冻害：我省春季气温回升快、起伏大，极易发生"倒春寒"。各地要根据天气预报，在寒流来临前，对旺长麦田或土壤悬松麦田及时进行灌水，以改善土壤墒情，调节近地面层小气候，减小地面温度变幅，预防冻害发生。一旦发生冻害，要及时采取浇水追施速效化肥等补救措施，促小蘖赶大蘖，促进受冻麦苗尽快恢复生长，将冻害损失降到最低程度。

（2）预防春旱：我省春旱发生频率高，各地一定要密切关注天气变化，及早做好预案，对目前表墒不足、旱象有抬头趋势，以及整地质量差、土壤悬松的麦田要及时浇水保苗，抗旱防冻，促进麦苗正常生长。

（3）预防倒伏：2014年部分麦田冬前出现旺长趋势。对于这类麦田，要以控为主，在返青至起身期采用镇压、深锄、喷施植物生长抑制剂等措施，控制春生分蘖滋生，抑制基部节间伸长，构建合理群体，培育健壮个体，预防后期发生倒伏。

第六节　2015—2016年度

一、麦播

（一）形势分析

从2015年小麦备播情况来看，有利因素较多。一是领导高度重视。河南省委、省政府始终把发展粮食生产作为一项重要的政治任务来抓，各地加强组织领导，强化目标管理，形成了党委领导、政府组织、部门配合、上下联动的工作机制，为粮食生产发展营造了良好的氛围。二是农业生产条件不断改善。"十二五"期间，河南省通过实施高标准粮田"百千万"建设工程，在全省粮食核心区建成高标准粮田4182万亩，使农业生产基础条件进一步改善，抗灾减灾能力不断增强。三是科技支撑能力进一步增强。各地坚持良种良法配套、农机农艺融合，增产增效并重，充分发挥高产创建、绿色增产模式攻关项目作用，集成组装了一批适宜不同区域、不同产量水平的高产高效技术模式，并大面积推广应用，使小麦生产科技含量不断提高。四是种子、化肥、农药等农资市场供应充足，价格平稳。五是底墒较好。2015年秋季河南省降水时空分布均衡，麦播期间全省土壤墒情较好，对小麦足墒播种较为有利。

但2015年麦播还面临一些不利因素：一是近年来农民自留种现象普遍，商品种子使用率逐年下降，如果控制不好，来年品种混杂、种性退化现象可能更加严重。二是部分地区秋作物成熟期较常年有所推迟，"三秋"农时紧张，整地备播时间短，对整地质量可能产生不利影响。三是小麦市场价格偏低，可能影响农民麦播投入和种粮积极性。对此，各地要高度重视，早动手、早安排、早准备，因地制宜采取针对性措施，努力提高整地播种质量，切实打好麦播基础。

（二）应变技术

针对2015年秋播形势和气候特点，当年秋播总的要求是立足于抗灾夺丰收，在稳定麦播面积的基础上，优化品种布局，优化品种结构，优化栽培方式，开展优质订单生产，落实节本增效技术，切实提高整地播种质量，为来年夏粮丰产丰收奠定坚实基础。

1. 优化品种区域布局，选用推广优良品种　2015年秋播品种布局利用的总体原则是以稳产、高产为目标，以抗灾、避害为重点，因地制宜，科学布局，做到主导品种明确，搭配品种合理，良种良法配套，最大限度地发挥品种的增产潜力，突出稳产高产、多抗广适品种的主导地位，根据优质麦订单的需要，积极发展优质专用小麦生产，加大新品种示范推广力度，为实现稳产高产、优质高效奠定基础。

（1）豫北麦区：早中茬以矮抗58、周麦22、郑麦366、周麦18、周麦16为主，搭配众麦1号、平安8号、丰德存麦1号、新麦26、豫麦49-198、周麦26、周麦27、中育9398、郑麦7698、洛麦23、豫教5号、百农207等品种；晚茬种植众麦2号、周麦23、偃展4110等品种。

（2）豫中部麦区：早中茬以矮抗58、周麦22、周麦18、豫麦49-198、郑麦7698为主，搭配种植郑麦366、西农979、丰德存麦1号、平安8号、周麦16、豫教5号、豫农416、百农207、周麦26、周麦27等品种；晚茬种植平安6号、周麦23、兰考198、洛麦24、开麦20等品种。

（3）东部麦区：早中茬以矮抗58、周麦22、郑麦7698、众麦1号为主，搭配种植西农979、豫麦49-198、洛麦23、新麦26、周麦24、泛麦8号、汝麦0319、中麦895、豫教5号、百农207、周麦27、周麦28等品种；晚茬种植众麦2号、周麦23、兰考198、怀川916、开麦20等品种。

（4）南阳盆地麦区：南部地区以先麦8号、郑麦7698、兰考198、漯麦18等弱春性品种为主，搭配种植西农979、许科316等半冬性早熟抗病品种；北部地区以西农979、衡观35、许科316半冬性早熟抗病品种为主，搭配种植郑麦9023、郑麦7698、兰考198、宛麦19、先麦12等弱春性品种。

（5）信阳稻茬麦区：主导品种以偃展4110、郑麦9023、扬麦15为主，搭配种植西农979、衡观35、豫麦70-36等品种。

（6）旱作麦区：以洛旱6号、中麦175、洛旱7号为主，搭配洛旱8号、洛旱10号、偃佃9433等品种；旱薄地种植洛旱6号、洛旱7号、西农928等品种。

2. 坚持农机农艺融合，切实提高整地质量　各地要突出抓好以深耕（松）、镇压为主要内容的高质量、规范化整地技术，全面提高整地质量，打好麦播基础。一是要努力扩大机械深耕面积，特别是对于连续旋耕2~3年的麦田力争深耕或深松一次，以打破犁底层，耕深要达到 25 cm 以上；二是对旋耕地块，旋耕深度要达到 15 cm 以上；三是对秸秆还田地块，粉碎后的秸秆长度应小于 7 cm，均匀抛撒地表，努力做到"切碎、撒匀、压实"；四是全力做好播前镇压。无论深耕或旋耕地块都要做到镇压耙实、踏实土壤；五是注意整地保墒，力争足墒播种，出苗齐匀。同时，要加强农机手作业前培训，使其真正掌握整地质量标准和技术要领，提高田间整地作业的质量。

3. 推广测土施肥，提高肥料利用效率　各地要牢固树立"增产施肥、经济施肥、环保施肥"的理念，以保障国家粮食安全为目标，以"推进精准施肥、调整化肥使用结构、改进施肥方式、有机肥替代化肥"为抓手，实现粮食增产、农民增收和生态环境安全。2015 年全省秋作物长势普遍较好，地力消耗较大，再加上秋季雨水较多，土壤养分淋溶比例增大，必须高度重视麦播基肥的足量施用，千方百计挖掘肥源，增加有机肥施用面积和施用量。在做好有机肥替代的同时，基施化肥依据不同产量水平和土壤肥力，按照"氮肥总量控制，分期调控；磷、钾肥依据土壤丰缺适量补充"的技术要求合理施用。一般亩产 600 kg 以上的高产田块，每亩总施肥量为氮肥（纯氮）15 ~ 18 kg，磷肥（五氧化二磷）6 ~ 8 kg、钾肥（氧化钾）3 ~ 5 kg，其中氮肥 40% 底施、60% 在拔节期施用；亩产 500 kg 左右的田块，每亩总施肥量为氮肥（纯氮）13 ~ 15 kg，磷肥（五氧化二磷）6 ~ 8 kg、钾肥（氧化钾）3 ~ 5 kg，其中氮肥 50% 作底肥、50% 起身拔节期结合浇水追施；亩产 400 kg 以下的田块，提倡氮磷并重，适当补充钾肥，一般亩施氮肥（纯氮）为 8 ~ 10 kg，磷肥（五氧化二磷）4 ~ 5 kg，其中氮肥 70% 底施、30% 返青起身期追肥。旱地麦田一次施足底肥，春季趁墒追肥。在施肥技术上，要做到氮肥深施，磷、钾肥分层匀施。在施肥量的选择上，同一产量水平，土壤肥力较高的麦田可采用推荐施肥的低量施肥，肥力较低的麦田选取推荐的高量施肥；另外，连续三年秸秆全量还田的地块，钾肥施用量可酌情调减。

4. 加大麦播期病虫害防治力度，提高防治效果　小麦播种期是预防控制多种病虫害的关键时期，也是压低病虫基数，减轻中后期防治压力的最有利时机。2015 年河南省麦播期主要防控对象是纹枯病、全蚀病、茎基腐和根腐病、地下害虫等，各地应把推广应用种子药剂处理特别是种子包衣作为一项重点工作，因地制宜，科学选药，分类指导，狠抓落实，力争包衣、拌种全覆盖。

小麦全蚀病严重区，应全部使用专用杀菌剂硅噻菌胺悬浮剂拌种，一般发生区可采用苯醚甲环唑、苯醚甲环唑+咯菌腈等药剂处理种子。南部条锈病早发区和越冬区重点采用戊唑醇等三唑类杀菌剂进行包衣或拌种，其他大部分麦区以纹枯病、根腐病、黑穗病、地下害虫为主要防控对象，兼防秋苗期锈病、白粉病和蚜虫，可根据病虫发生情况选择使用戊唑醇、苯醚甲环唑、咯菌腈、苯醚·咯菌腈、三唑酮、三唑醇、多菌灵、苯醚甲环唑等药剂进行药剂拌种或种子包衣预防病害，用吡虫啉悬浮种衣剂包衣预防虫害及其传播的黄矮病和丛矮病；土传病害和地下害虫严重的田块，要实施药剂土壤处理。对多种病虫混合重发区，各地要因地制宜，制订合理的杀菌剂和杀虫剂混用配方，进行混合拌种，可起到"一拌多效"的作用。进行药剂包衣拌种和土壤处理时，必须严格按照农药安全使用规范进行操作或在植保技术人员指导下进行，防止药害和人畜安全事故发生。同时，充分发挥植保专业化服务组织的作用，大力推广以乡、村为单位，统一实施大中型机械包衣拌种或土壤处理，扩大专业化统防统治面积，杜绝"白籽"下种，确保小麦苗全苗壮。

5. 切实做好规范化播种，提升麦播质量　各地要根据当地实际，因地制宜搞好规范化播种，全面提升播种质量。一是水浇地要足墒适期适量播种，确保苗全、苗匀、苗壮。若小麦适播期当 0~40 cm 土层土壤相对含水量低于 75% 时，应按照"宁可适当晚播，也要造足底墒"的原则，先造墒再播种。对不能及时造墒，在播后浇蒙头水的麦田及时划锄，防止土壤出现裂缝，减少土壤水分散失。豫北麦区半冬性品种适播期为 2015 年 10 月 5~15 日，弱春性品种为 10 月 13~20 日；豫中、豫东麦区半冬性品种为 10 月 10~20 日，弱春性品种为 10 月 15~25 日；豫南麦区半冬性品种为 10 月 15~25 日，弱春性品种为 10 月 20 日至 10 月底。一般高产田每亩基本苗为 15 万~20 万株，中产田为 20 万~25 万株。中高产麦田提倡宽窄行播种，做到播量准确、深浅一致，播种深度 3~5 cm，不漏播、不重播，播后要及时镇压。雨养农业区，若小麦播种时口墒不足，可采取浇蒙头水的方式助苗出土。二是稻茬麦田对收获腾茬及时，土壤墒情适宜（土壤含水量在田间持水量 80% 以下）、适耕状态好的麦田提倡采用少（免）耕条播机，一次作业完成浅旋、开槽、播种、覆土、镇压等工序；当土壤含水量达田间持水量 80% 以上时，应采用带状条播机播种；或在水稻收获前 7~10 天撒播，基本苗一般为 30 万株左右。稻茬麦田播后要注意开好田间厢沟，降湿排渍。三是晚播麦田，应适当增加播量，但每亩基本苗最多不宜超过 30 万株。各地要积极示范推广小麦播种新技术，在高标准粮田示范区要大力推广宽幅匀播，在保护性耕作示范区，推广机械沟播技术。

二、冬前

（一）形势分析

2015 年麦播以来，全省各级农业部门按照省委、省政府的安排部署，认真贯彻落实"三秋"生产电视电话会议精神，及早动手、强化措施，狠抓关键技术落实，全省麦播工作进展顺利，麦播形势整体较好。一是麦播面积稳定。国家及时出台了来年小麦收购保护价格，加大对新型经营主体支持，各项惠农政策有效保护了农民种粮积极性，全省麦播面积继续稳定在 8 100 万亩以上。二是播期适时集中。全省小麦 10 月初开始播种，10 月 26 日麦播基本结束。全省麦播高峰期集中在 10 月 10~18 日，共播种小麦 6 060 万亩，占麦播面积的 74.4%，播期较为集中，实现了适期播种。三是播种基础总体较好。主导品种突出，周麦 22、矮抗 58、郑麦 7698、西农 979、郑麦 366 等 13 个主导品种占全省小麦种植面积的 75% 以上，深耕深松面积达 4 908 万亩；测土配方施肥技术服务面积达 7 000 多万亩，其中配方肥施用面积达 3 600 万亩；麦播病虫害防控基本实现全覆盖，种子包衣与药剂拌种面积达 7 400 多万亩，土壤处理面积达 2 500 多万亩。四是土壤墒情总体较好。2015 年麦播期间，大部分麦田底墒较好，做到了足墒播种，部分墒情不足的麦田采取浇底墒水或播后浇蒙头水的方式，助苗出土。10 月 24~26 日，11 月 5~6 日全省连续两次出现大范围降水，有效补充了土壤水分，对小麦出苗、冬前生长非常有利，大部分麦田实现了苗全、苗匀、苗足。五是新技术、新模式应用面积扩大。宽幅匀播、机械沟播、宽窄行种植、种肥异位同播等新技术、新模式推广面积扩大，小麦播种科技含量进一步提高。

尽管 2015 年全省小麦播种形势总体较好，但也存在一些不容忽视的问题，主要表现在：一是部分麦田播种偏早，播量偏大。二是部分麦田整地粗放，影响小麦出苗，有缺苗断垄现象。三是受粮价下跌幅度较大影响，部分农户种麦的肥料等投入减少，自留种子面积增加。此外，受目前正在发生的厄尔尼诺现象影响，冬前和越冬期间气候不确定因素增大，极端天气发生频率增高，小麦防灾减灾任务重。

（二）应变技术

根据 2015 年小麦播种基础和出苗情况，冬前麦田管理的主攻目标是在确保苗全苗匀的基础上，加强冬前管理，促根壮蘖，促弱控旺，培育壮苗，保苗安全越冬，奠定小麦高产基础。

1. 及时查苗，确保苗全　各地在小麦出苗后，要及时查苗，对缺苗断垄（10 cm以上无苗为缺苗，17 cm 以上无苗为断垄）的地方，要及早用同一品种的种子浸种后补种，或采用疏密补稀措施，确保苗全苗匀。

2. 中耕镇压，促进苗壮　每次降雨或浇水后都要适时中耕划锄，破除板结，改善土壤通气条件，促根蘖健壮发育。对于耕作粗放的麦田，地面封冻前进行镇压，踏实土壤，弥补裂缝，保苗安全越冬。

3. 因苗制宜，分类管理　对底肥充足、生长正常、群体和土壤墒情适宜的壮苗麦田，冬前一般不再追肥浇水，只进行中耕划锄，保苗稳健生长；对播种偏早、群体过大过旺的麦田，可采取化控、镇压或深中耕等方式，控制地上部旺长，培育冬前壮苗；对于地力较差、底肥施用不足且有缺肥症状的麦田，应在冬前分蘖盛期结合浇水每亩追施尿素 8~10 kg，并注意及时中耕保墒，破除板结；对于无水浇条件的缺肥麦田，可趁墒追肥。淮南稻茬麦田冬前还要做好清沟厘墒，防止麦田渍害。此外，各类麦田都要严禁畜禽啃青，伤害麦苗。

4. 适时冬灌，保苗安全越冬　对于秸秆还田、旋耕播种和土壤悬空不实，以及土壤墒情不足的麦田必须进行冬灌，以踏实土壤，促进小麦盘根和大蘖发育，保苗安全越冬。冬灌要根据苗情和土壤墒情分类进行，对于弱苗麦田，冬灌要早，壮苗麦田，冬灌要晚，旺长麦田，可不进行冬灌。冬灌的时间一般在日平均气温 5 ℃进行，在封冻前完成，浇越冬水要在晴天上午进行，以浇水后当天全部渗入土中为宜，一般每亩浇水量为 40 m³，禁止大水漫灌，浇后及时划锄松土，破除板结。

5. 及时防治病虫草害　冬前是麦田化学除草最有利的时机，以野燕麦、看麦娘为主的麦田，可选用炔草酸、精噁唑禾草灵等除草剂进行防除；以节节麦、碱茅、硬草等为主的麦田，可选用甲基二磺隆、甲基二磺隆+甲基碘磺隆进行防除；双子叶杂草可选用氯氟吡氧乙酸、唑草酮、苯磺隆、溴苯腈和二甲四氯水剂等除草剂进行防除。施药时间要掌握在小麦 3~5 叶期、杂草 2~4 叶期、日均温 5 ℃以上的晴天进行。要充分发挥植保专业化服务组织的作用，尽量采用大中型喷杆喷雾机施药，以保证防除效果，防止药害发生。

秋苗期要做好地下害虫、茎基腐和根腐病、孢囊线虫病、纹枯病、麦蜘蛛、蚜虫、锈病、白粉病、潜叶蝇等的发生危害动态调查监控，对部分苗期受地下虫危害较重的麦田，及时进行药剂灌施。麦黑潜叶蝇发生严重的地方，可用阿维菌素、毒死蜱等喷雾防治；对小麦孢囊线虫病严重田块，可用10%灭线磷颗粒剂在小麦苗期顺垄撒施；对小麦纹枯病发生严重的地块，可喷一次三唑酮，抑制冬季侵染，减轻早春发病程度。

6. 做好防灾减灾　各地要及早制订防灾减灾预案，密切关注天气变化，及时采取应对措施，努力把灾害造成的损失降到最低程度。遇到剧烈的强降温天气，要在寒潮来临之前及时浇水防冻；稻茬麦区或其他低洼易涝麦田，要及时清理沟渠，遇雨后及时排除田间积水，防止渍涝危害；对受旱麦田，要及时进行灌溉，保苗正常生长。

三、春季

（一）形势分析

2015年，在河南省委、省政府的正确领导下，各级农业部门精心组织、强化技术指导，狠抓关键措施落实，麦播和冬前管理工作进展顺利，全省越冬期苗情略差于常年同期。据农情调度，全省冬前小麦一、二类苗占比84.7%，较常年减少约1.9%，较上年减少5.2%；三类苗占比14.9%，较上年增加7.1%；旺长苗占比0.4%，较上年减少1.9%。当前小麦生产有利因素有几个方面。一是麦播面积稳定。河南省委、省政府把粮食生产列入目标管理考核，加大对种粮新型经营主体支持，各项惠农政策有效保护了农民种粮积极性，全省麦播面积继续稳定在8 100万亩以上。二是麦播基础整体较好。2015年秋播关键技术落实到位率高，主导品种更加突出，布局更趋合理，加之播期集中，麦播后气温墒情总体适宜，绝大多数麦田出苗较好。三是墒情充足。自麦播以来，全省各地出现多次大范围降水过程，降水不仅补充了土壤水分，又有效踏实了土壤，有利于小麦安全越冬。2016年2月12～13日全省平均降水量15.2 mm，对小麦返青期生长非常有利。四是病虫发生危害相对较轻。2015年11月下旬和2016年1月下旬两次降雪及之后连续强降温过程，有利于抑制病菌和虫卵繁殖生存，压低病虫越冬基数，减轻春季防控压力。五是部分受冻麦田恢复较好。受2015年11月下旬强降温降雪天气影响，部分麦田发生不同程度冻害，降温过后，各地抓住天气回暖的有利时机，及时开展追肥、叶面补肥和喷施植物生长调节剂等措施，促进麦苗恢复生长，多数受冻麦田恢复情况较好。

尽管当前全省小麦总体生长基本正常，但也存在一些不容忽视的问题，主要表现在：一是2015年11月全省持续出现阴雨寡照天气，光照偏少，加之降温偏早，导致部分麦田群体不足，个体偏弱；二是受11月23～25日强降雨（雪）降温天气影响，豫中、豫东以及豫东南等地部分麦田出现不同程度冻害现象。2016年1月22～24日全省再次出现大幅度降温大风天气过程，大部分地区最低气温下降6～8℃，本次降温过程不利于前期受冻麦田恢复生长，长势较弱麦田遭受不同程度冻害。三是由于降温偏早，土壤湿度偏大，大部分麦田冬前没有进行化学除草，春季麦田杂草防控压力加大。同时部分麦田由于田间湿度大，纹枯病发生势头显现。

（二）应变技术

根据当前小麦生长情况及存在问题，特别是2015年11月低温寡照和两次强降温天气导致全省小麦苗情总体偏弱的特点，河南省春季麦田管理的指导思想是：立足于抗灾夺丰收，突出一个"早"字，狠抓一个"促"字，因地因苗制宜，分类科学管理，促苗情转化升级，构建合理群体结构，夯实夏粮丰收基础。重点抓好以下关键技术措施。

1. 中耕镇压，提温保墒　全省各类麦田在开春以后，要抓住墒情好的有利时机，及早进行中耕划锄，以破除板结、疏松表土、提温保墒，促苗早发快长，力促分蘖多成穗、成大穗，争穗数保产量。对于播种时整地粗放、坷垃多、土壤翘空的麦田，要在早春土壤解冻后适时镇压，以沉实土壤，弥合裂缝，减少水分蒸发，保墒防冻，促进根系下扎。

2. 因地因苗制宜，加强肥水管理

（1）对于三类弱苗麦田，春季管理要以促为主，追肥可分两次进行。第一次在返青期5 cm地温稳定3 ℃以上时每亩施尿素5~8 kg；第二次结合浇拔节水每亩追施尿素5~10 kg，以提高成穗率，促进小花发育，增加穗粒数。

（2）对于一、二类壮苗麦田，地力水平一般的田块可在起身期结合浇水亩施尿素15 kg左右，以提高分蘖成穗率，促穗大粒多。对地力水平较高的一类麦田，春季管理要前控后促，保苗稳健生长，可在拔节期结合浇水，每亩追施尿素10 kg左右。

（3）对于旱地麦田，春季趁墒亩追施尿素10 kg左右，并配施适量磷酸二铵，保冬前分蘖成穗，促春生分蘖早发快长，争取穗数保产量。

（4）对于冬前和越冬期受冻麦田，早春应及早划锄，提高地温，并在起身期提前进行追肥浇水，促其尽快恢复生长，提高分蘖成穗率。若发现大分蘖已经冻死的麦田，可在拔节期结合浇水每亩再追施尿素10 kg左右，促分蘖成穗。

（5）对于有旺长趋势的麦田，早春应镇压蹲苗，控制春季分蘖过多发生，肥水管理可推迟到拔节后期两极分化结束时，结合浇水每亩追施尿素10~15 kg。对有脱肥症状的旺长麦田，追肥浇水时间可适当提前，以防旺苗脱肥转弱。

另外，对豫南稻茬麦田，还要做好清沟理墒，防渍防旱。

3. 选准合适农药，综合防治病虫草害　各地应以条锈病、赤霉病、纹枯病、白粉病、麦穗蚜、吸浆虫等"四病两虫"为重点，加强系统监测，及早发布预报，选准合适药剂，早防早治，统防统治。

（1）拔节前实施化学除草和纹枯病早控：对于冬前没有进行化学除草的麦田，可在春季气温稳定通过6 ℃以后，选择晴好天气于上午10时至下午4时，根据当地草情、草相等实际情况，科学开展麦田杂草防除。可结合化学除草，喷药防治纹枯病和麦蜘蛛。对小麦纹枯病，在病株率达15%时选择使用三唑酮、烯唑醇、戊唑醇、丙环唑、申嗪霉素、井冈霉素、井冈·蜡芽菌等药剂进行喷雾防治。严重发生田，隔7~10天再喷1次。对小麦红蜘蛛，可选用阿维菌素、哒螨酮、甲维盐等喷雾防治。

（2）南部地区严密监控小麦条锈病：沙河以南条锈病常发区，要坚持"准确监测、带药侦察、发现一点、控制一片"，随时扑灭零星病叶和发病中心。当田间平均病叶率达到0.5%时，应组织开展区域性统一防治，防止病害大面积流行。防治药剂可选用三唑酮、烯唑醇、戊唑醇、氟硅唑、腈菌唑、丙环唑等，药剂浓度严格按照农药包装说明推荐的剂量使用。

（3）抽穗扬花期预防控制小麦赤霉病和吸浆虫：小麦吸浆虫高密度区要重点抓好蛹期土壤处理和成虫期喷药防治等两个关键环节，一般发生区做好抽穗至扬花前的成虫防治。蛹期防治可在3月下旬至4月上中旬，用毒死蜱、辛硫磷制成毒土，顺麦垄均匀撒施，撒后结合浇水效果更好。成虫期防治可适当前移施药时间，在小麦抽穗期，用高效氯氰菊酯或毒死蜱等进行防治。对小麦赤霉病，各地要"科学预测，主动出击，见花喷药，防病保产"，在小麦抽穗至扬花期遇有阴雨、露水和多雾天气时，应全面开展病害防控，特别是豫南地区必须提前打好"保险药"，做到全面预防。对高感品种，首次施药时间要提早至抽穗期。药剂品种可选用氰烯菌酯、烯肟菌酯、戊唑醇、咪鲜胺、多菌灵等，用药量要足，喷液量要大，喷洒要均匀，保证防治效果。

（4）后期推行综合用药：小麦生长发育后期各地要积极开展"一喷三防"，将杀菌剂、杀虫剂和植物生长调节剂或叶面肥等科学配方、混合喷洒，综合控制白粉病、锈病、赤霉病、叶枯病、蚜虫等多种病虫危害。针对穗蚜，推荐选用吡虫啉、啶虫脒、吡蚜酮、抗蚜威等药剂喷雾防治，也可用苦参碱、烟碱、楝素等植物源农药。

4. 密切关注天气变化，预防晚霜冻害　河南省春季气温回升快、起伏大，极易发生"倒春寒"，尤其是当年受厄尔尼诺现象的影响，春季气候起伏可能会加剧。各地要密切关注天气变化，要在寒潮来临前，及时进行浇水，以调节近地层小气候，减小地面温度变幅，预防晚霜冻害发生。一旦发生冻害，要及时采取浇水、追肥等补救措施，促进受冻小麦尽快恢复生长，将冻害损失降到最低程度。

第七节　2016—2017 年度

一、麦播

（一）形势分析

2016 年全省夏粮生产在遭遇多重自然灾害影响下，总产仍达到 347.68 亿 kg 的历史第二高位，秋粮生产形势基本平稳，为全年粮食持续稳定发展奠定了基础。从目前情况来看，2016 年小麦备播有诸多有利因素：一是农业供给侧结构性改革方向明确。面对农业发展新形势、新挑战，全省农业结构调整暨"三秋"生产现场会议提出，以"尊重农民意愿、遵循市场导向、发挥比较优势、促进融合发展"为原则，扭住关键、发展"四优"，推动"四化"，重点以发展强筋小麦和弱筋小麦为引领，实行专种、专收、专储、专用，推动小麦供给侧结构性改革。二是农业生产条件不断改善。自我省启动实施高标准粮田"百千万"建设工程以来，已在全省粮食核心区建成高标准粮田5 026 万亩，使农业生产基础条件进一步改善，抗灾减灾能力不断增强，粮食综合生产能力显著提高。三是科技支撑能力进一步增强。各地集成组装了一批适宜不同区域、不同产量水平的良种良法配套、农艺农机融合、优质高产高效技术模式，积累了应对干旱、低温冻害等多种自然灾害和动员全社会力量抗灾夺丰收的经验和能力，绿色增产模式攻关与高产创建示范带动作用日益明显，万名科技人员包万村工作常态化，使全省小麦生产科技支撑能力进一步增强。四是种子、化肥、农药等农资市场供应充足，价格总体平稳。五是受 2016 年 8 月初持续高温天气影响，部分地区成熟收获期较常年提前，麦播整地时间充足。

2016 年麦播还面临一些不利因素，一是部分地区小麦因灾减产，秋作物部分地区也遭到灾害性天气影响，加上粮食市场价格偏低，农民种粮收益整体降低，在一定程度上会影响麦播投入积极性。二是小麦收获期连续遭遇降水过程，部分种子出现萌动，发芽率和发芽势降低，极易因整地质量不高、旋耕地块镇压不实、播种过深等原因，出现出苗不齐、缺苗断垄、苗黄苗弱等现象，加之农民使用自留种现象普遍，之后品种混杂、种性退化现象可能加重。三是部分地区连年实行旋耕、浅耕，使犁底层上抬，耕层变浅，影响根系深扎，秸秆还田后耙压不实现象普遍，透风跑墒，易受旱受冻。四是近年来土地流转规模不断扩大，种植大户、家庭农场、粮食种植合作社等新型农业生产主体秋作物收获腾茬相对较慢，小麦晚播面积加大；部分地区因秋收腾茬早可能出现抢墒早播现象，对培育冬前壮苗不利。五是目前部分地区已经出现墒情不足，据气象部门预测麦播期间降水偏少，抗旱种麦可能性加大。

（二）应变技术

针对当年秋播形势，各级农业部门要紧紧围绕"提质增效转方式、稳粮增收可持续"主线，以发展优质小麦为着力点和工作重点，在稳定麦播面积的基础上，进一步优化品种布局，优化品质结构，优化种植模式，优化栽培管理，对接市场需求，开展优质订单生产，落实节本增效技术，切实提高整地播种质量，为来年夏粮丰产丰收奠定坚实基础。

1. 优化品种区域布局，因地制宜推广良种　2016 年秋播品种布局利用的总体原则是以高产、优质、高效为目标，以抗灾、避害、稳产为重点，因地制宜、科学布局，做到主导品种明确，搭配品种合理，良种良法配套。各地应根据当地气候、土壤、地力等生态条件、种植制度和产量水平等情况，科学选用良种，为实现小麦稳产、优质、高产、高效生产奠定基础。

（1）豫北麦区：重点发展优质强筋小麦，种植郑麦 366、新麦 26、师栾 02-1、丰德存麦 1 号、怀川 916、周麦 32、丰德存麦 5 号等强筋品种。早中茬种植矮抗 58、周麦 22、百农 207、中麦 895、周麦 16、众麦 1 号等品种，晚茬种植众麦 2 号、周麦 23、偃展 4110 等品种。

（2）豫中麦区：早中茬种植周麦 22、百农 207、矮抗 58、周麦 27、郑麦 379、豫麦 49-198、郑麦 7698 等品种，晚茬种植平安 6 号、周麦 23、兰考 198、洛麦 24 等品种。

（3）豫东麦区：早中茬种植郑麦 7698、周麦 22、百农 207、周麦 27、中麦 985、郑麦 583 等品种，晚茬种植众麦 2 号、周麦 23、兰考 198、怀川 916、漯麦 18、开麦 20 等品种。

（4）南阳盆地麦区：偏南部区域以兰考 198、先麦 10 号等弱春性品种为主，搭配西农 979、许科 316 等半冬性早熟品种；北部地区以西农 979、衡观 35、许科 316 等半冬性早熟品种为主，搭配郑麦 9023、郑麦 7698、兰考 198、宛麦 19、先麦 12、漯麦 18 等弱春性品种。

（5）豫南稻茬麦区：重点发展优质弱筋小麦，种植扬麦 15、扬麦 20 等弱筋品种。发挥早熟品种躲病避灾的优势，可种植西农 979、偃展 4110、宁麦 13、郑麦 9023、衡观 35 等品种。

（6）豫西旱作麦区：旱肥地以豫麦 49-198、洛旱 6 号、中麦 175、洛旱 7 号等品种，旱薄地种植洛旱 9 号、洛旱 13 号、焦麦 668、西农 928、长旱 58 等品种。

2. 坚持农机农艺融合，切实提高整地质量　各地要突出抓好以秸秆粉碎还田和深耕（松）镇压为主要内容的高质量、规范化整地技术，全面提高整地质量，打好麦播基础。一是要努力扩大机械深耕面积，特别是对于连续旋耕 2~3 年的麦田力争深耕或深松一次，以打破犁底层，耕深以 25~35 cm 为宜。二是对旋耕整地麦田，旋耕深度要达到 15 cm 以上。三是对秸秆还田地块，粉碎后的秸秆长度应不大于 7 cm，均匀抛撒地表，努力做到"切碎、撒匀、深埋、压实"。四是全力做好播前镇压。无论深耕或旋耕地块都要做到镇压耙实、踏实土壤。五是注意整地保墒，力争足墒播种、出苗齐匀。同时，要加强农机手作业前培训，使其真正掌握整地质量标准和技术要领，提高田间整地作业质量。

3. 继续开展测土施肥，提高肥料利用效率　各地要牢固树立"增产施肥、经济施肥、环保施肥"的理念，以"推进精准施肥、调整化肥使用结构、改进施肥方式、有机肥替代化肥"为抓手，实现粮食增产、农民增收和生态环境安全。2016 年秋季雨水较多，土壤养分淋溶比例增大，必须高度重视麦播基肥的足量施用，千方百计挖掘肥源，增加有机肥施用面积和施用量。在做好有机肥替代的同时，基施化肥依据不同产量水平和土壤肥力，按照"氮肥总量控制，分期调控；磷、钾肥依据土壤丰缺适量补充"的技术要求合理施用。一般亩产 600 kg 以上的高产田块，每亩总施肥量为氮肥（纯氮）15~18 kg、磷肥（五氧化二磷）6~8 kg、钾肥（氧化钾）3~5 kg，其中氮肥 40%底施，60%在拔节期施用；亩产 500 kg 左右的田块，每亩总施肥量为氮肥（纯氮）13~15 kg、磷肥（五氧化二磷）6~8 kg、钾肥（氧化钾）3~5 kg，其中氮肥 50%作底肥，50%起身拔节期结合浇水追施；亩产 400 kg 以下的田块，提倡氮磷并重，适当补充钾肥，一般亩施氮肥（纯氮）为 8~10 kg，磷肥（五氧化二磷）4~5 kg，其中氮肥 70%底施，30%返青起身期追肥。旱地麦田一次施足底肥，春季趁墒追肥。在施肥技术上，要做到氮肥深施，磷、钾肥分层匀施。在施肥量的选择上，同一产量水平，土壤肥力较高的麦田可采用推荐施肥的低量施肥，肥力较低的麦田，选取推荐的高量施肥；另外，连续三年秸秆全量还田的地块，钾肥施用量可酌情调减。

4. 加大麦播期病虫害防治力度，提高防治效果　小麦播种期是预防控制多种病虫害的关键时期，也是压低病虫基数，减轻中后期防治压力的最有利时机。2016 年河南省麦播期间病虫害主要防控对象是纹枯病、全蚀病、茎基腐、根腐病和地下害虫等，各地应把推广应用种子药剂处理特别是种子包衣作为一项重点工作，因地制宜，科学选药，分类指导，狠抓落实，最大限度减少白籽下地比例。

小麦全蚀病重发区，应全部使用专用杀菌剂硅噻菌胺悬浮剂拌种，一般发生区可采用苯醚甲环唑、苯醚甲环唑+咯菌腈等药剂处理种子。南部条锈病早发区和越冬区重点采用戊唑醇等三唑类杀菌剂进行包衣或拌种，其他大部分麦区以纹枯病、根腐病、黑穗病、地下害虫为主要防控对象，兼防秋苗期锈病、白粉病和蚜虫，可根据病虫发生情况选择使用戊唑醇、苯醚甲环唑、咯菌腈、苯醚·咯菌腈、三唑酮、三唑醇、多菌灵、苯醚甲环唑等药剂进行药剂拌种或种子包衣预防病害，用吡虫啉悬浮种衣剂包衣预防虫害及其传播的黄矮病和丛矮病；土传病害和地下害虫严重的田块，要实施药剂土壤处理。对多种病虫混合重发区，要因地制宜，合理制定杀菌剂和杀虫剂混用配方，进行混合拌种，以起到"一拌多效"的作用。进行药剂包衣拌种和土壤处理时，必须严格按照农药安全使用规范进行操作或在植保技术人员指导下进行，防止药害和人畜安全事故发生。若使用发芽率和发芽势偏低的种子，应注意尽可能选用三唑类药剂替代品进行种子处理，以免影响出苗质量。同时，充分发挥植保专业化服务组织的作用，大力推广以乡、村为单位，统一实施大中型机械包衣拌种或土壤处理，扩大专业化统防统治面积，杜绝"白籽"下种，确保小麦苗全苗壮。

5. 适期适量足墒播种，确保麦播质量　各地要根据当地实际，努力做到适期适量足墒播种，确保一播全苗和出苗整齐均匀。

（1）足墒播种：各地要做好抗旱准备，有水浇条件的麦田，若适播期 0~40 cm 土层土壤相对含水量低于 75% 时，应按照"宁可适当晚播，也要造足底墒"的原则，先造墒再播种；对不能及时造墒的地块和雨养区播种时口墒不足的地块，可采取浇蒙头水的方式助苗出土、确保苗全、苗匀、苗壮。

（2）适期播种：豫北麦区适播期半冬性品种为 10 月 5~15 日，弱春性品种为 10 月 13~20 日，强筋品种为 10 月 15~22 日；豫中、豫东麦区适播期半冬性品种为 10 月 10~20 日，弱春性品种为 10 月 15~25 日；豫南麦区适播期半冬性品种为 10 月 15~25 日，弱春性品种为 10 月 20 日至 10 月底，弱筋品种为 10 月 24~31 日。

（3）适量匀播：一般高产田每亩基本苗为 15 万~20 万，中产田为 20 万~25 万。中高产麦田提倡宽窄行或宽幅播种，做到播量准确、深浅一致，播种深度 3~5 cm，不漏播、不重播，播后要及时镇压。

（4）稻茬麦区：对收获腾茬及时、土壤墒情适宜（土壤含水量在田间持水量 80% 以下）、适耕状态好的地块提倡采用少（免）耕条播机，一次作业完成浅旋、开槽、播种、覆土、镇压等工序；土壤含水量达田间持水量不小于 80% 时，应采用带状条播机播种，或在水稻收获前 7~10 天撒播，基本苗一般为 30 万株左右。稻茬麦田播后要注意开好田间厢沟，降湿排渍。

（5）晚播麦田：应适当增加播量，但每亩基本苗最多不宜超过 30 万株。各地要积极示范推广小麦播种新技术，在高标准粮田示范区要大力推广宽幅匀播，在保护性耕作示范区，推广机械沟播技术。

6. 落实优质小麦配套技术，推进标准化规范化生产　在发展优质小麦中应注意良种良法配套，优质强筋小麦重点抓好适当增氮、氮肥后移、稳磷增钾等关键技术措施；优质弱筋小麦重点抓好减氮增磷增钾、氮肥运筹前重后轻等关键技术措施。依托豫北强筋、豫南弱筋优质小麦基地建设，率先开展优质小麦规模化、标准化生产，严格落实优质小麦生产技术操作规程，实现品种优质化、管理规范化、布局区域化、生产规模化，不断提高优质小麦产量水平和商品率，示范带动全省优质专用小麦生产，增加小麦生产效益，促进农民增收。

二、冬前

（一）形势分析

"三秋"以来，全省各级农业部门按照省委、省政府的安排部署，认真贯彻落实全省农业结构调整暨"三秋"生产现场会议精神，加强领导，及早准备，狠抓关键措施落实，全省麦播工作基本顺利，主要有以下特点：一是麦播面积稳定，优质小麦生产加快发展。全省麦播面积继续稳定在 8 000 万亩以上，受小麦供给侧改革试点工作和市场双重引导作用，优质小麦生产加快发展，布局更趋合理，初步形成豫北强筋小麦、豫南沿淮弱筋小麦生产基地。二是播期相对集中，适播面积较大。2016 年我省秋收期间天气利好，秋作物收获较快，麦播整地时间充足，全省小麦 10 月初开始播种，10 月8～19 日共播种小麦 6 412 万亩，占麦播面积的 78.2%，播期较为集中，大部分麦田实现了适期播种。三是土壤墒情充足，大部分麦田小麦出苗较好。10 月全省月降水量在38.2～291.1 mm，与常年同期相比，月降水量增加 20%～390%，起到了及时补充水分、踏实土壤的作用，尤其对豫北、豫西旱地和豫东麦区小麦出苗极为有利，全省大部分麦田出苗较好。四是关键技术落实到位，播种质量高。深耕深松、配方施肥、宽幅匀播、机械沟播等新技术推广面积扩大，麦播期间病虫害防控基本实现全覆盖，小麦播种科技含量进一步提高。

2016 年河南省小麦生产形势总体较好，但也存在一些不容忽视的问题：一是因持续降雨，豫南、豫东南部分麦田土壤湿度大，播期推迟，不利于小麦形成冬前壮苗；二是部分田块因播后遇雨，出现缺苗断垄；三是播期拉长，苗情类型多，麦田管理难度增大。四是由于麦田土壤墒情好，杂草出土量大，草害偏重发生。

（二）应变技术

根据全省各地麦播基础调查，综合分析当前小麦生产形势，2016 年河南省冬前麦田管理要突出抓好以下几项关键技术措施。

1. 及早查苗补种　小麦出苗后要及时查苗，对缺苗断垄地块，要及早用同一品种的种子催芽补种，或在小麦 3 叶期至 4 叶期进行疏苗移栽。移栽时覆土深度要掌握上不压心，下不露白，并踏实浇水，适当补肥，保苗成活。

2. 适时中耕镇压　小麦进入分蘖期后要适时进行中耕划锄，破除板结，改善土壤通气条件，促根蘖健壮发育。对耕作粗放、坷垃较多的麦田或秸秆还田未压实的麦田，地面封冻前进行镇压，压碎坷垃，弥补裂缝，可起到保温保墒的作用。

3. 因苗分类管理　对底肥充足、生长正常、群体适宜的麦田，冬前一般不再追肥浇水，只进行中耕划锄，确保壮苗越冬；对播种偏早，群体过大过旺的麦田，采取镇压或深中耕等方式，控制地上部分旺长，培育冬前壮苗；对于地力较差、底肥施用不足的弱苗麦田，应在冬前分蘖盛期及时追施适量尿素；对豫南稻茬麦田要做好清沟理墒，防止麦田渍害。

4. 及时防治病虫草害　冬前是麦田化学除草的有利时机，可选用炔草酸、精噁唑禾草灵等防除野燕麦、看麦娘等；用甲基二磺隆、甲基二磺隆+甲基碘磺隆防除节节麦、雀麦等；用双氟磺草胺、氯氟吡氧乙酸、唑草酮、苯磺隆等防除双子叶杂草。同时要做好地下害虫、纹枯病等病虫监控，对病虫危害严重的麦田，及时进行药剂防治，提倡使用大中型施药机械，保证防除效果。

5. 种好管好晚播小麦　尚未播种的地块，应抓住时机，抢时播种，选用弱春性品种，加大播种量；晚播麦田，应早管细管，采取浅耕划锄、秸秆覆盖、增施腊肥等措施，增温保墒，促苗早发快长。

6. 做好防灾减灾　要密切关注天气变化，及时采取有效应对措施，把灾害损失降到最低程度。遇到强降温天气，及早浇水防冻；稻茬麦区或其他低洼易涝麦田，及时清理沟渠，防止渍涝危害；严禁畜禽啃青，伤害麦苗。

三、春季

（一）形势分析

2016 年，在河南省委、省政府的高度重视下，全省各级政府及早安排部署，各级农业部门强化技术指导，狠抓关键措施落实，全省小麦生产总体态势良好。一是麦播基础较好，优质小麦加快发展。据农情调度，2016 年全省小麦播种面积预计 8 200 万亩，与上年基本持平。主导品种突出，布局更趋合理，深耕深松、配方施肥、种子包衣、土壤处理、适期播种等关键技术落实到位，宽幅匀播、机械沟播、深松镇压等新技术推广面积扩大，小麦播种科技含量进一步提高。豫北强筋小麦和豫南弱筋小麦基地建设进一步加快，8 个小麦供给侧改革试点县建立示范基地 230 万亩，全省优质小麦种植面积 600 万亩。二是冬前管理扎实有效。2016 年我省小麦冬前墒情充足，气温偏高，各地紧紧抓住有利条件，扎实开展中耕、追肥、化学除草等冬前麦田管理工作，促弱转壮、控旺稳壮，同时加强病虫害监测与防控，对已发病地块，及早喷施杀菌剂，抑制冬季侵染，为培育壮苗安全越冬打牢了基础。三是天气条件总体有利。麦播后降水量偏多，起到了及时补充水分、踏实土壤的作用，小麦出苗是较好的一年，苗全、苗齐、苗匀。小麦冬前生长没有遭遇极端天气影响，气温正常略高、墒情适宜，对小麦分蘖生长、形成冬前壮苗及后期安全越冬较为有利。四是越冬苗情好于上年同期。据 2016 年 12 月中旬农情调查数据，全省一、二、三类苗及旺长苗比例分别为 45.8%、39.8%、13.3%、1.1%。一、二类苗合计占到 85.6%，较上年增加 0.8%。一类苗比上年增加了 2.8%，三类苗比上年减少了 1.3%。但地区间表现不均衡，豫北苗情好于全省，好于上年，与常年相当；豫中、豫西、豫西南苗情明显好于上年，也好于常年；豫南因晚播面积较大，苗情弱于上年同期。

尽管 2016 年越冬整体苗情好于上年同期，但受麦播期间降水偏多、日照时数偏少、部分麦田晚播等因素影响，仍存在一些不容忽视的问题：一是豫南部分晚播麦田苗情较弱。信阳、驻马店、周口、固始、新蔡等地晚播面积较大，冬前生长量不足，导致三类苗占比较大。二是病虫害呈偏重发生态势。受麦播后持续阴雨、土壤偏湿、冬季气温偏高、降水充足、菌源丰富等因素综合影响，河南省小麦条锈病冬前见病早、病点多，严重度高，春季重发态势比较明显，如气候适宜，赤霉病暴发流行的风险极大。另外，纹枯病、麦蚜等病虫在部分地区也将偏重发生。三是部分地区土壤湿度大，通透性差，影响根系发育，形成"头重脚轻"、地上地下不协调现象。

（二）应变技术

针对当年小麦生产特点，我省春季麦田管理的主要目标是强化分类指导，科学运筹肥水，综合防控病虫草害，促弱苗早发增蘖，稳壮苗生长保蘖，控旺苗过多分蘖，促苗情转化升级，大力推广绿色高产高效技术，落实优质小麦关键措施，促进质量产量协同发展。要重点抓好以下关键技术措施：

1. 普遍进行中耕划锄　由于自麦播以来墒情充足，土壤通透性差，影响小麦根系正常发育，造成部分麦田地上与地下不协调。为此，全省各类麦田开春以后都要普遍进行中耕，以达到增温保墒、破除板结、改善土壤通透条件、促进根系生长、消灭杂草的目的。特别是晚播弱苗，要将中耕划锄作为早春麦田管理的首要措施来抓，划锄时要切实做到不留坷垃、不压麦苗、不漏杂草，以提高划锄效果。另外，春灌麦田和丘陵旱地麦田也要及时进行中耕。旺苗麦田要进行深中耕，弱苗麦田要浅中耕。

2. 因地因苗制宜，加强肥水管理

（1）对豫南晚播麦田，小麦进入返青期后，应分情况进行田间管理。对长势明显较弱的麦田，要早追施速效氮肥，划锄增温保墒，以促苗早发快长，促弱转壮，可采用小型机械进行追肥，中耕与追肥一同进行，效果更好。对叶色和生长正常的晚播麦田，如果麦田墒情适宜，要看天气控制早春浇水，以免降低地温和土壤透气性而影响麦苗生长。

（2）对于有旺长趋势的麦田，早春应镇压蹲苗，控制春季分蘖过多发生，肥水管理可推迟至拔节后期两极分化结束时，结合浇水每亩追施尿素 10~15 kg。特别是当年播期早、播量大的麦田，要在返青至起身期采用镇压、深锄、喷施植物生长抑制剂等措施，控制春生分蘖滋生，抑制基部节间伸长，构建合理群体，培育健壮个体，预防后期发生倒伏。对有脱肥症状的旺长麦田，追肥浇水时间可适当提前，以防旺苗脱肥转弱。

（3）对于一、二类壮苗麦田，地力水平一般的田块可在起身期结合浇水亩施尿素15 kg 左右，以促苗稳健生长，提高分蘖成穗率，培育壮秆大穗。对地力水平较高的一类麦田，春季管理要前控后促，可在拔节期结合浇水，每亩追施尿素 10 kg 左右，促穗大粒多。

（4）对于旱地麦田，春季趁墒亩追施尿素 10 kg 左右，并配施适量磷酸二铵，保冬前分蘖成穗，促春生分蘖早发快长，争取穗数保产量。

（5）对优质小麦，要根据苗情科学抓好强筋小麦前氮后移、弱筋小麦减氮增磷等关键技术，同时要针对不同品种特征特性，抓好纹枯病、赤霉病综合防控、预防后期倒伏等针对性技术措施落实。

另外，对豫南稻茬麦田，还要做好清沟理墒，防渍防旱。

3. 选准合适农药，科学防控病虫草害。各地应以条锈病、赤霉病、纹枯病、白粉病、麦穗蚜、吸浆虫等"四病两虫"为重点，加强系统监测，及早发布预报，选准合适药剂，早防早治，统防统治。

（1）拔节前实施化学除草和纹枯病早控：对于冬前没有进行化学除草的麦田，可在春季气温稳定通过6℃以后，选择晴好天气于上午10时至下午4时，根据当地草情、草相等实际情况，科学开展麦田杂草防除。对小麦纹枯病，在病株率达15%时选择使用三唑酮、烯唑醇、戊唑醇、丙环唑、申嗪霉素、井冈霉素、井冈·蜡芽菌等药剂进行喷雾防治。严重发生田，隔7~10天再喷1次。对小麦红蜘蛛，可选用阿维菌素、哒螨酮、甲维盐等喷雾防治。

（2）南部地区严密监控小麦条锈病：豫南小麦条锈病冬前发生区，要在早春大面积喷洒烯唑醇、戊唑醇、三唑酮等药剂，压低早春菌源，尽量推迟条锈病发生期。沙河以南条锈病常发区，要坚持"准确监测、带药侦察、发现一点、控制一片"，随时扑灭零星病叶和发病中心。当田间平均病叶率达到0.5%时，应组织开展区域性统一防治，防止病害大面积流行。防治药剂可选用三唑酮、烯唑醇、戊唑醇、氟硅唑、菌晴唑、丙环唑等，药剂浓度严格按照农药包装说明推荐的剂量使用。

（3）抽穗扬花期预防控制小麦赤霉病和吸浆虫：小麦吸浆虫高密度区要重点抓好蛹期土壤处理和成虫期喷药防治等两个关键环节，一般发生区做好抽穗至扬花前的成虫防治。蛹期防治可在3月下旬至4月上中旬，用毒死蜱、辛硫磷制成毒土，顺麦垄均匀撒施，撒后结合浇水效果更好。成虫期防治可适当前移施药时间，在小麦抽穗期，用高效氯氰菊酯或毒死蜱等进行防治。对小麦赤霉病，各地要坚持"主动出击，见花喷药"不动摇，确保在发生流行前预防。在小麦抽穗至扬花期遇有阴雨、露水和多雾天气时，应全面开展病害防控，特别是豫南地区必须提前打好"保险药"，做到全面预防。对高感品种，首次施药时间要提早至抽穗期。药剂品种可选用氰烯菌酯、烯肟菌酯、戊唑醇、咪鲜胺、多菌灵等，用药量要足，喷液量要大，喷洒要均匀，保证防治效果。

（4）后期推行综合用药：小麦生长发育后期各地要积极开展"一喷三防"，将杀菌剂、杀虫剂和植物生长调节剂或叶面肥等科学配方、混合喷洒，综合控制白粉病、锈病、赤霉病、叶枯病、蚜虫等多种病虫危害。针对穗蚜，推荐选用吡虫啉、啶虫脒、吡蚜酮、抗蚜威等药剂喷雾防治，也可用苦参碱、烟碱、楝素等植物源农药。

4. 密切关注天气变化，预防春季冻害 河南省春季气温回升快、起伏大，极易发生"倒春寒"。各地要根据天气预报，在寒流来临前，对旺长麦田或土壤悬松麦田及时进行灌水，以改善土壤墒情，调节近地面层小气候，减小地面温度变幅，预防冻害发生。一旦发生冻害，要及时采取结合浇水追施速效化肥等补救措施，促小蘖赶大蘖，促进受冻麦苗尽快恢复生长，将冻害损失降到最低程度。

第八节 2017—2018年度

一、麦播

（一）形势分析

2017年河南省粮食生产继续保持良好的发展势头，夏粮面积、单产、总产均创历史新高，且商品质量高，种植农户增产又增收。全省秋粮生产形势基本平稳，为全年粮食持续稳定发展奠定了基础。2017年麦播有诸多有利因素，一是农业供给侧结构性改革目标任务更加明确。2017年9月1日，国务院下发《关于加快推进农业供给侧结构性改革大力发展粮食产业经济的意见》，明确提出了大力实施优质粮食工程，推动粮食产业创新发展、转型升级和提质增效的目标任务。二是我省优质小麦发展效果良好。各地认真贯彻落实省委、省政府"四优四化"的决策部署，积极推进小麦供给侧结构性改革，全省集中连片规模化种植优质专用小麦600万亩，8个试点县优质专用小麦受到企业欢迎，价格较高，效果较好，为我省优质小麦发展积累了经验。三是粮食生产软硬条件稳步提升。全省各地集成组装了一批良种良法配套、农机农艺融合、优质高产高效栽培技术模式，积累了应对多种自然灾害和动员全社会力量抗灾夺丰收的经验和能力，高标准粮田"百千万"建设工程稳步推进，粮食核心区农业生产基础条件不断改善，全省小麦生产软硬条件进一步提升。四是农资供应充足、农机准备充分。2017年我省种子、化肥、农药等农资市场供应充足，且种子质量较好，价格总体平稳。各种农业机械准备充分，预计将有430万台（套）以上农业机械投入三秋生产，确保收秋、腾茬、整地、播种需要。五是土壤墒情总体较好。自2017年8月底以来，全省连续出现大范围降水过程，土壤墒情总体较好，有利于小麦播种。

2017年麦播还面临一些不利因素，一是近年来，我省"三秋"常出现阴雨、干旱等极端天气，给小麦播种带来一定威胁。二是部分地区连年实行旋耕、浅耕，犁底层上抬，耕层变浅，影响根系深扎，秸秆还田后耙压不实现象普遍存在，耕层土壤透风跑墒，易受旱受冻。三是近年来土地流转规模不断扩大，种植大户、家庭农场、粮食种植合作社等新型农业生产主体秋作物收获腾茬相对较慢，易造成小麦晚播，对培育冬前壮苗不利。四是小麦播量普遍偏大，遇暖冬年份，造成分蘖多、群体大，极易遭受冬春冻害和大面积倒伏。同时，近年来河南省小麦病虫害总体呈加重发生态势，对小麦安全生产造成极大威胁。

（二）应变技术

2017年麦播要在稳定面积的基础上，进一步优化品种布局，优化品质结构，优化种植模式，优化栽培管理，狠抓关键技术措施落实，切实提高整地播种质量，确保种足种好当年小麦。

1. 优化品种布局，因地制宜推广良种　各地要根据当地气候、土壤、地力、种植制度、产量水平和病虫害等情况，以高产、优质、高效为目标，以抗灾、避害、稳产为重点，选用适宜品种。北部麦区重点发展强筋小麦，早中茬选用半冬性高产品种，晚茬选用弱春性品种；中南部麦区重点发展中强筋小麦，早中茬选用半冬性中熟或中早熟高产品种，晚茬选用弱春性品种；东部麦区尽量以春季发育平稳、抗寒、抗倒、抗病（主要是白粉病、锈病）的半冬性品种为主，晚茬选用弱春性品种；南部麦区主要选用耐湿、耐渍、抗赤霉病及熟期较早的品种，沿淮区域重点发展弱筋小麦。具体品种选用可参考《河南省种子管理站关于印发河南省2017—2018年度小麦品种布局利用意见的通知》（豫种〔2017〕80号）。

2. 耕耙压相配套，切实提高整地质量　各地要突出抓好深耕（松）、镇压为主要内容的高质量、规范化整地技术，全面提高整地质量，打好麦播基础。一是对已经连续旋耕 2~3 年的麦田，力争深耕或深松一次，耕深以 25~35 cm 为宜，做到机耕机耙相结合；二是对旋耕整地麦田，必须旋耕两遍后镇压耙实，旋耕深度要达到 15 cm 以上；三是对秸秆还田地块，要努力做到"切碎、撒匀、深埋、压实"；四是全力做好镇压耙实，无论深耕或旋耕地块都要做到镇压耙实、踏实土壤。同时，要加强农机手作业前培训，使其真正掌握整地质量标准和技术要领，提高田间整地作业质量。

3. 推广化肥减量增效技术，提高肥料利用效率　各地要牢固树立"增产施肥、经济施肥、环保施肥"的理念，积极试验示范推广化肥减量增效技术模式。基施化肥依据不同产量水平和土壤肥力，按照"氮肥总量控制，分期调控；磷、钾肥依据土壤丰缺适量补充"的技术要求合理施用。一般亩产 600 kg 以上的高产田块，每亩总施肥量为氮肥（纯氮）15~18 kg、磷肥（五氧化二磷）6~8 kg、钾肥（氧化钾）3~5 kg，其中氮肥 40% 底施，60% 在拔节期施用；亩产 500 kg 左右的田块，每亩总施肥量为氮肥（纯氮）13~15 kg、磷肥（五氧化二磷）6~8 kg、钾肥（氧化钾）3~5 kg，其中氮肥 50% 作底肥，50% 起身拔节期结合浇水追施；亩产 400 kg 以下的田块，提倡氮磷并重，适当补充钾肥，一般亩施氮肥（纯氮）为 8~10 kg、磷肥（五氧化二磷）4~5 kg，其中氮肥 70% 底施，30% 返青起身期追肥。优质强筋小麦重点抓好适当增氮、氮肥后移、稳磷增钾等关键技术措施；优质弱筋小麦重点抓好减氮增磷增钾、氮肥运筹前重后轻等关键技术措施，旱地麦田一次施足底肥，春季趁墒追肥。在施肥技术上，要做到氮肥深施，磷、钾肥分层匀施。在施肥量的选择上，同一产量水平，土壤肥力较高的麦田可采用推荐施肥的低量施肥，肥力较低的麦田，选取推荐的高量施肥；另外，连续三年以上秸秆全量还田的地块，钾肥施用量可酌情调减。

4. 加强麦播期病虫防控，提高防治效果　小麦播种期是预防控制多种病虫害的关键时期，也是压低病虫基数，减轻中后期防治压力的最有利时机。2017 年河南省麦播期间病虫害主要防控对象是纹枯病、全蚀病、茎基腐、根腐病和地下害虫等，各地应把推广应用种子药剂处理，特别是种子包衣作为一项重点工作，因地制宜，科学选药，分类指导，狠抓落实，最大限度减少白籽下地比例。

小麦全蚀病重发区，应全部使用专用杀菌剂硅噻菌胺悬浮剂拌种，一般发生区可采用苯醚甲环唑、苯醚甲环唑+咯菌腈等药剂处理种子。南部条锈病易发区和越冬区重点采用戊唑醇等三唑类杀菌剂进行种子包衣或拌种，其他大部分麦区以纹枯病、根腐病、黑穗病、地下害虫为主要防控对象，兼防秋苗期锈病、白粉病和蚜虫，可根据病虫发生情况选择使用戊唑醇、苯醚甲环唑、咯菌腈、苯醚·咯菌腈、三唑酮、三唑醇、多菌灵、苯醚甲环唑等药剂进行药剂拌种或种子包衣预防病害，用吡虫啉悬浮种衣剂包衣预防虫害及其传播的黄矮病和丛矮病；土传病害和地下害虫严重的田块，要实施药剂土壤处理。对多种病虫混合重发区，要因地制宜，合理制定杀菌剂和杀虫剂混用配方，进行混合拌种，以起到"一拌多效"的作用。进行药剂包衣拌种和土壤处理时，必须严格按照农药安全使用规范进行操作或在植保技术人员指导下进行，防止药害和人畜安全事故发生。同时，要充分发挥植保专业化服务组织的作用，大力推广以乡、村为单位，统一实施大中型机械包衣拌种或土壤处理，扩大专业化统防统治面积，杜绝白籽下种，确保小麦苗全苗壮。

5. 落实规范化播种技术，提高播种质量　各地要根据 2017 年麦播气候特点，以培育冬前壮苗为标准，严格把握播期，科学确定播量，做到足墒适时适量播种。

（1）足墒播种：在小麦适播期内，应按照"宁可适当晚播，也要造足底墒"的原则，做到足墒下种，确保一播全苗。若墒情适宜，可直接整地播种；若墒情不足，要提前造墒；如遇阴雨天气，要及时排除田间积水进行晾墒；豫西旱地要趁墒播种。

（2）适期播种：豫北麦区适播期半冬性品种为 10 月 5~15 日，弱春性品种为 10 月 13~20 日；豫中、豫东麦区适播期：半冬性品种为 10 月 10~20 日，弱春性品种为 10 月 15~25 日；豫南麦区适播期半冬性品种为 10 月 15~25 日，弱春性品种为 10 月 20 日至 10 月底。

（3）适量播种：在适播期内，要因地、因种、因播期而异，分类确定播量。一般高产田每亩基本苗为 15 万~20 万株；中产田为 20 万~25 万株；稻茬撒播麦田为 30 万株左右。晚播麦田，应适当增加播量，每推迟一天播种，基本苗增加 1 万株左右，但每亩基本苗最多不宜超过 30 万株。

（4）创新播种方式：各地要结合试验示范结果，在高标准粮田示范区大力推广宽幅匀播，在保护性耕作示范区，推广机械沟播等少免耕技术，播种深度以 3~5 cm 为宜，避免因播种过深，出现弱苗现象。积极推广种肥同播等多功能播种机。

（5）播后镇压：小麦播种镇压是抗旱、防冻和提高出苗质量、培育冬前壮苗的重要措施，对秸秆还田未耙实麦田以及播种机没有镇压装置播种的麦田，要选用适宜镇压器普遍进行镇压。

二、冬前

（一）形势分析

2017 年在省委、省政府和各级党委、政府的高度重视与正确领导下，各级农业部门、科技人员和广大干群立足抗灾抓生产，精心组织，综合施策，强化服务，克服持续阴雨天气的不利影响，全面完成了麦播任务，播种基础总体较好，主要表现在以下几个方面：一是麦播面积基本稳定。我省认真落实粮食安全省长责任制，层层压实重农抓粮责任，全面落实各项支农惠农政策，充分调动广大农民种粮的积极性，2017 年麦播面积继续稳定在 8 200 万亩左右，优质专用小麦生产面积发展到 800 万亩。二是大部分地区播期基本适宜。面对持续阴雨天气给"三秋"生产，特别是麦田整地播种带来的不利影响，各级农业部门按照"晚中求早、快中求好"的要求，组织科技人员深入生产一线指导，大力推广落实晚茬小麦应变播种技术，大部分地区小麦播期基本适宜。据统计，豫北麦区于 2017 年 10 月 23 日前完成麦播任务的 80%，豫中东麦区于 10 月底完成麦播任务的 91.5%，豫南麦区南阳、信阳、邓州等地于 11 月 8 日前完成麦播任务近 80%。三是土壤墒情充足。2017 年 8 月底以来，河南省出现持续降水天气过程，平均降水量 285.5 mm，较常年同期偏多 1.3 倍，全省各地麦播期间土壤墒情充足，有利于足墒播种、一播全苗。四是 10 月下旬以来天气总体有利。10 月 20 日以来，河南省天气以晴好为主，部分地块偏湿情况得到缓解，播种进度加快，且有利于小麦出苗，在一定程度上弥补了不利天气给小麦播种和出苗带来的影响。

全省麦播工作结束后，适期播种小麦进入分蘖期，长势较好，但生产中存在一些不容忽视的问题：一是因持续降水，河南省大部分麦田在适播期下限播种，部分麦田播期较常年推迟7～10天，有的甚至达15天以上，不利于形成冬前壮苗。二是部分黏土地和低洼积水地块因抢时播种，整地粗放，播种质量偏差，影响出苗质量。三是全省小麦播期拉长，甚至同一区域播期跨度较大，导致晚播弱苗面积大，苗情类型复杂，且麦田草害普遍偏重，田间管理难度增大。此外，气候因素不确定性较大，小麦防灾减灾任务重。因此，各地要高度重视，切实增强责任感和使命感，紧紧抓住关键时期，切实做好冬前麦田管理指导与服务工作，打牢明年小麦丰产丰收基础。

（二）应变技术

针对当前我省小麦生产形势，2017年小麦冬前管理要以促为主，促根增蘖，促弱转壮，培育冬前壮苗，保苗安全越冬。重点抓好以下几个方面。

1. 及时浇好出苗、分蘖水　对整地粗放、坷垃较多、表墒不足的麦田，要及时进行浇水，促进出苗、分蘖发生和根系下扎，浇水后及时划锄，破除板结。

2. 因苗分类管理　对晚播麦田，要浅耕划锄，增温保墒，促苗早发快长。对地力较差、底肥施用不足、有缺肥症状的麦田，应在冬前分蘖盛期结合浇水每亩追施尿素8～10 kg，并及时中耕松土，促根增蘖。对底肥充足、生长正常、群体和土壤墒情适宜的麦田冬前一般不再追肥浇水，只进行中耕划锄。对播期偏早或播量偏大、群体过大过旺的麦田，要及时进行深中耕断根或镇压，控旺转壮，中耕深度以7～10 cm为宜。

3. 科学冬灌　要根据苗情和土壤墒情适时浇好越冬水，若土壤墒情充足，可不浇越冬水；若土壤墒情较差，要适时进行冬灌。对晚播麦田，一般不进行冬灌，特别是单根独苗田块避免浇水。冬灌应在封冻前完成，一般每亩浇水量以40 m³左右为宜，禁止大水漫灌，浇后及时划锄松土。

4. 及时防治病虫草害　冬前是麦田化学除草有利时机，可选用炔草酸、精噁唑禾草灵等防除野燕麦、看麦娘等，用甲基二磺隆、甲基二磺隆+甲基碘磺隆防除节节麦、雀麦等，用双氟磺草胺、氯氟吡氧乙酸、唑草酮、苯磺隆、溴苯腈和二甲四氯水剂等防除双子叶杂草。防治时间宜选择在小麦3～5叶期、杂草2～4叶期、日平均气温在5 ℃以上的晴天进行。同时要做好纹枯病、茎基腐病、根腐病和地下害虫、麦蜘蛛、蚜虫等病虫害的动态调查，及时指导农户开展病虫防治，保护小麦壮苗越冬。

5. 抓好优质小麦生产　2017年全省优质专用小麦生产面积发展到800万亩以上，各地要以优质高产为中心，以抗灾避害为重点，结合区域生产生态特点和品种特征特性，分区域、分品种落实优质小麦配套技术措施。

6. 科学预防冻害　近年来我省小麦生产遭遇冻害频率较高、威胁较大，各地要密切关注天气变化，遇到强降温天气，及早浇水防冻。晚播麦田可采取秸秆覆盖、增施农家肥等措施预防冻害。一旦冻害发生，要分苗情、分灾情、分区域及时采取有效应对措施，把损失降到最低。

此外，对豫南稻茬麦区或其他低洼易涝麦田，要及时清理沟渠，防止渍涝危害。各级各类麦田都要严禁畜禽啃青，伤害麦苗。

三、春季

（一）生产形势

针对 2017 年小麦播期推迟，农业部门狠抓晚播小麦应变措施落实，小麦基本苗充足，加之越冬期间两次降雪过程，起到增温保墒作用，小麦实现安全越冬，奠定了苗情转化升级基础，随着近期气温回升，苗情快速向好转化，生产形势总体较好。

1. 一、二类苗比例增加，三类苗比例减少　据初步调查结果，一、二类苗比例较冬前提高，三类苗比例降低。其中驻马店一、二类苗比例达 80%，较冬前提高 25%，三类苗比例降低 25%。信阳一、二类苗比例达 83%，较冬前提高 18.8%，三类苗比例降低 18.8%。

2. 当前大部分麦田土壤墒情适宜　农谚有"麦收隔年墒""冬天麦盖三层被、来年枕着馒头睡""瑞雪兆丰年"等，说明底墒和越冬期间墒情对小麦丰产丰收极其重要。2017 年"三秋"期间持续降水，小麦底墒充足，2018 年 1 月出现两次明显降雪过程，及时补充了土壤水分，越冬期及当前大部分麦田土壤墒情适宜，非常有利小麦生长发育。

3. 病虫害发生程度较轻　由于播期推迟和 1 月两次低温降雪过程等综合因素的影响，我省病虫害发生程度较轻。2018 年 1 月以来，省农业部门已组织两次病虫普查，河南省小麦纹枯病、麦蚜、麦蜘蛛等常规病虫害发生程度明显轻于常年。1 月 19 日在淅川县大石桥、滔河等乡查到多个小麦条锈病发病中心，始见期比常年提前 45 天，近期省里已组织豫南地区进行大面积普查，尚未发现新的病点。

生产中存在的问题：一是由于 2017 年播期推迟，部分田块整地粗放，造成小麦个体偏弱，特别是旋耕播种地块耕层浅，不利于小麦根系生长，存在后期倒伏隐患；二是随着气温的回升，病虫草害的防控压力逐步增大，豫北部分麦田出现旱情；三是春季气候不确定因素较多，防灾减灾任务重。

（二）应变技术

针对当年小麦苗情特点，河南省春季麦田管理的总体要求是立足抗灾夺丰收，以促为主，因苗制宜，分类管理，巩固冬前分蘖，促晚播小麦春蘖生长，力争多成穗、成大穗，搭好丰产架子。同时，要大力推广绿色高产高效技术，落实优质小麦保优栽培措施，促进质量产量协同发展。重点应抓好以下几方面技术措施。

1. 进行中耕划锄　开春以后，全省各类麦田都要普遍进行中耕，以达到增温保墒、破除板结、改善土壤通透条件、促进根系生长、消灭杂草的目的。特别是晚播小麦，要将中耕划锄作为早春麦田管理的首要措施来抓，划锄时要切实做到不留坷垃，不压麦苗，不漏杂草，以提高划锄效果。

2. 科学运筹肥水　针对不同麦田的墒情、苗情、土壤供肥能力，春季肥水管理要做到因地因苗制宜，分类管理，肥水调控。

（1）对晚播麦田，要控制早春浇水，以免降低地温而影响麦苗生长。返青期要及早趁墒追施氮肥，以促苗早发快长，促弱转壮，

可采用小型机械进行追肥，中耕与追肥一同进行，效果更好。

（2）对一、二类苗麦田，地力水平一般的田块可在起身期结合浇水亩施尿素 15 kg 左右，以促苗稳健生长，提高分蘖成穗率，培育壮秆大穗。对地力水平较高的一类苗麦田，春季管理要前控后促，可在拔节期结合浇水，每亩追施尿素 10 kg 左右，促穗大粒多。

（3）对旱地麦田，春季趁墒亩追施尿素 5~8 kg 左右，并配施适量磷酸二铵，保冬前分蘖成穗，促春生分蘖早发快长，争取穗数保产量。

另外，豫南稻茬麦田要做好清沟理墒，排水降渍。

2. 防控病虫草害　春季是小麦病虫害多发时期，各地应重点加强小麦条锈病、纹枯病、吸浆虫、麦蜘蛛、蚜虫等病虫害监测预报，科学指导农民选用合适药剂，早防早治，统防统治。对于冬前没有进行化学除草的麦田，要根据田间杂草种类、草相，选择适宜除草剂，及时进行化除，并严格按照使用浓度和技术操作规程操作，以免发生药害。

3. 预防倒伏　小麦返青至起身期是预防倒伏的最后关键时期，各地要根据整地、播种、苗情长势等情况，及时采取深中耕、镇压、化控等措施，保苗稳健生长，为预防后期倒伏打好基础。对整地粗放、坷垃较多的麦田，开春后要进行镇压，以踏实土壤，促根生长；对长势偏旺的麦田，可采用深中耕断根，控制麦苗过快生长。另外，在起身初期可喷洒化控剂，以缩短基部节间，降低株高，增强抗倒能力。

4. 防御冻害　河南省春季气温回升快、起伏大，极易发生"倒春寒"。各地要密切关注天气变化，在寒流来临前，及时进行灌水，以改善土壤墒情，调节近地面层小气候，减小地面温度变幅，预防冻害发生。一旦发生冻害，要及时采取追肥等补救措施，促进受冻麦苗尽快恢复生长。

5. 推广优质小麦保优技术　各地要依据当地气候、土壤和种植的品种，科学指导优质小麦种植农户保优生产，对强筋小麦要增施氮肥，重施拔节肥，对弱筋小麦要减氮增磷，施好返青肥，避免中后期追肥。同时，根据优质小麦不同品种存在的不足，重点抓好预防冻害、后期倒伏等针对性技术措施落实，确保优质高产。

第九节　2018—2019 年度

一、麦播

（一）形势分析

从全省"三秋"生产总体形势来看，2018 年河南省麦播工作主要有以下有利因素：一是秋作物生育期间全省平均气温较常年偏高，预计大部地区夏玉米收获期较常年提前，为小麦整地播种提供了充足时间；二是 2018 年 9 月以来我省降雨较多，尤其是深层土壤水补充较多，为种足种好小麦提供了较好的底墒；三是目前河南省种子、化肥、农药等市场供应充足，价格基本平稳，为当年的麦播工作打下了较好的物质基础；四是 2017 年全省优质小麦种植面积达到 840 万亩，较 2016 年增加 240 万亩，增幅达40%，初步实现"四化"，并为2018年优质小麦发展积累了许多好经验、好做法。五是近年来河南省各地大力开展新技术试验示范，绿色高质高效集成技术逐步完善，将为河南省麦播提供技术支撑。

2018年麦播还面临一些不利因素，一是部分地区旋耕面积大、土壤耕层浅、耕作粗放等原因，导致播种质量差、出苗率低、苗情弱而不壮，为此，又片面加大播种量来解决，从而引出抗病抗逆性差、后期倒伏等一系列生长发育和生产管理问题，既不利于产量稳定，又增加了管理成本，制约绿色发展；二是近年来，随着气候变化，冬春干旱、春季倒春寒冻害、中后期大风降雨引起倒伏和雨后高温逼熟、干热风及收获期降雨引起穗发芽等灾害频发，危害较重；三是由于玉米秸秆还田、大播量等因素导致赤霉病、根（茎）腐病、纹枯病等病害呈加重趋势，严重影响产量和品质。

（二）应变技术

2018年秋播要按照高质量发展要求，以绿色高质高效为目标，在稳定小麦种植面积的基础上，稳步发展优质专用小麦，持续优化品种布局，大力推广规范化耕作播种技术，集成示范绿色增效模式，全面提高整地播种质量，确保种足种好小麦，奠定明年丰收基础。

1. 优化品种结构，搞好区域布局　各地要结合近年来小麦品种在不同地区、不同气候条件下的表现和小麦新品种试验示范结果，进一步搞好品种区域布局，优化品种品质结构，以稳产、抗逆品种为主导，以发展优质专用品种为重点，稳步发展主导品种，合理搭配新品种。

北部麦区重点发展强筋小麦，早中茬选用较抗白粉病、纹枯病、冬季抗寒性好、春季较耐倒春寒、抗倒伏的半冬性高产品种，晚茬选用弱春性品种；中南部麦区重点发展中强筋小麦，早中茬选用抗寒、抗倒、抗病（主要是白粉病、锈病、赤霉病）半冬性中熟或中早熟高产品种，晚茬选用弱春性品种；东部麦区尽量以春季发育平稳、抗寒、抗倒、抗病（主要是白粉病、锈病）的半冬性品种为主，晚茬选用弱春性品种；南部麦区主要选用耐湿、耐渍、抗赤霉病及熟期较早的品种；豫西旱作麦区主要选用耐旱性较好、抗锈病和黄矮病的品种；沿淮稻茬区域重点发展弱筋小麦。

2. 机耕机耙配套，提高整地质量　各地要紧密结合我省秋收秋种实际，突出抓好深耕（松）、镇压为主要内容的高质量、规范化整地技术，全面提高整地质量，打好麦播基础。一是秸秆粉碎还田。对秸秆还田地块，要努力做到"切碎、撒匀、深埋、压实"；二是进一步扩大机械深耕面积。对连续旋耕2~3年的麦田，必须进行深耕或深松一次，耕深要达到25 cm以上，耕后及时耙实耙平；三是全力做好镇压耙实。无论深耕或旋耕地块都要做到镇压耙实、踏实土壤。同时，要加强农机手作业前培训，使其真正掌握整地质量标准和技术要领，提高田间整地作业质量。

3. 积极培肥地力，科学配方施肥　各地要推广秸秆还田，增施有机肥，培肥地力，提高土壤蓄水保墒和供肥能力。要继续推广测土配方施肥技术，基施化肥依据不同产量水平和土壤肥力，按照"氮肥总量控制，分期调控；磷、钾肥依据土壤丰缺适量补充"的技术要求合理施用。一般亩产600 kg以上的高产田块，每亩总施肥量为氮肥（纯氮）14~16 kg、磷肥（五氧化二磷）6~8 kg、钾肥（氧化钾）3~5 kg，其中氮肥

40%作底施，60%在拔节期施用；亩产500 kg左右的田块，每亩总施肥量为氮肥（纯氮）12~14 kg、磷肥（五氧化二磷）6~8 kg、钾肥（氧化钾）3~5 kg，其中氮肥50%做底肥，50%起身拔节期结合浇水追施；亩产400 kg以下的田块，提倡氮磷并重，适当补充钾肥，一般亩施氮肥（纯氮）为8~10 kg，磷肥（五氧化二磷）4~5 kg，其中氮肥70%底施，30%返青起身期追肥。在施肥技术上，要做到氮肥深施，磷、钾肥分层匀施，强筋小麦稳氮增钾补硫，氮肥底追比为5∶5，弱筋小麦控氮增磷增钾，氮肥底追比为7∶3，旱地麦田一次施足底肥，春季趁墒追肥。在施肥量的选择上，同一产量水平，土壤肥力较高的麦田可采用推荐施肥的低量施肥，肥力较低的麦田选取推荐的高量施肥；另外，连续三年以上秸秆全量还田的地块，钾肥施用量可酌情调减。

4. 推广种子包衣，综合防控病虫　2018年河南省麦播期间病虫害主要防控对象是纹枯病、全蚀病、茎基腐、根腐病和地下害虫等，各地应把推广应用种子药剂处理，特别是种子包衣作为一项重点工作，因地制宜，科学选药，分类指导，狠抓落实，最大限度减少白籽下地比例。小麦全蚀病重发区，应全部使用专用杀菌剂硅噻菌胺悬浮剂拌种，一般发生区可采用苯醚甲环唑、苯醚甲环唑+咯菌腈等药剂处理种子。南部条锈病易发区和越冬区重点采用戊唑醇等三唑类杀菌剂进行种子包衣或拌种，其他大部分麦区以纹枯病、根腐病、黑穗病、地下害虫为主要防控对象，兼防秋苗期锈病、白粉病和蚜虫，可根据病虫发生情况选择使用戊唑醇、苯醚甲环唑、咯菌腈、苯醚·咯菌腈、三唑酮、三唑醇、多菌灵、苯醚甲环唑等药剂进行药剂拌种或种子包衣预防病害，用吡虫啉悬浮种衣剂包衣预防虫害及其传播的黄矮病和丛矮病；土传病害和地下害虫严重的田块，要实施土壤处理。对多种病虫混合重发区，要因地制宜，合理制定杀菌剂和杀虫剂混用配方，进行混合拌种，以起到"一拌多效"的作用。进行药剂包衣拌种和土壤处理时，必须严格按照农药安全使用规范进行操作或在植保技术人员指导下进行，防止药害和人畜安全事故发生。同时，要充分发挥植保专业化服务组织的作用，大力推广以乡、村为单位，统一实施大中型机械包衣拌种或土壤处理，扩大专业化统防统治面积，杜绝"白籽"下种，确保小麦苗全苗壮。

5. 适期适量匀播，奠定壮苗基础　各地要以培育冬前壮苗为标准，紧密结合主导品种特征特性和气象条件，严格把握播期，科学确定播量，做到足墒适时适量播种。

（1）足墒播种：在小麦适播期内，应按照"宁可适当晚播，也要造足底墒"的原则，做到足墒下种，确保一播全苗。若墒情不足，要提前造墒；如遇阴雨天气，要及时排除田间积水进行晾墒；豫西旱地要趁墒播种。

（2）适期播种：豫北麦区半冬性品种适播期为10月5~15日，弱春性品种为10月13~20日；豫中、豫东麦区半冬性品种为10月10~20日，弱春性品种为10月15~25日；豫南麦区半冬性品种为10月15~25日，弱春性品种为10月20日至10月底。

（3）适量播种：在适播期内，要因地、因种、因播期而异，分类确定播量。一般高产田每亩基本苗为15万~20万株；中产田为20万~25万株；稻茬撒播麦田为30万株左右。晚播麦田，应适当增加播量，每推迟一天播种，基本苗增加1万株左右，但每亩基本苗最多不宜超过30万株。

（4）播种方式：在高质量整地前提下，大力推广宽幅匀播、宽窄行播种、等行距缩距匀播等播种方式；旱作区示范推广机械沟播、垄作等播种方式；稻茬麦区推广机械条播。播种以 3~5 cm 深度为宜，避免因播种过深，出现弱苗现象。

（5）播后镇压：小麦播种镇压是抗旱、防冻和提高出苗质量、培育冬前壮苗的重要措施，对秸秆还田未耙实麦田以及播种机没有镇压装置播种的麦田，要选用适宜镇压器普遍进行镇压。

6. 优化秋播结构，促进提质增效　麦播是做好全年种植结构调整的关键时期，各地要因地制宜，统筹规划，切实搞好种植结构调整工作。一是坚持"四化"方向，发展优质专用小麦。要进一步调优小麦品种品质结构，按照布局区域化、经营规模化、生产标准化、发展产业化的总体思路和专种、专收、专储、专用的基本路径，搞好我省优质专用小麦示范基地建设，示范引领全省优质专用小麦发展，增加小麦生产质量和效益，促进农民增收。二是推广各种高效间作套种模式。各地要按照当地种植结构调整的总体部署，科学规划，留足留好预留行，积极推广各种高效间作套种模式，发展高效作物，实现全年增产增收。

二、冬前

（一）形势分析

2018 年我省麦播工作进展顺利，全省大部分地区墒情较好，播期适宜，播种质量整体较高。11 月 5~7 日，全省大部分地区出现降水过程，及时补充了土壤水分，缓解了部分地区旱情，对小麦出苗、生长有利。工作中也存在一些不容忽视的问题，主要表现在部分麦田因麦播时表墒不足，存在缺苗断垄现象；部分麦田抢墒播种，播期偏早；部分田块因探墒播种过深或耙压不实，形成深播弱苗，还有少部分田块播期偏晚，不利于形成冬前壮苗。

（二）应变技术

针对当年气候、播种特点与当前苗情，及时提出冬前麦田管理技术意见如下。

1. 查苗补种，确保苗全　小麦出苗后要及时查苗，出现缺苗断垄的地方，尤其是漏播行，要及早用同一品种的种子开沟补种，墒情不足时可顺沟少量浇水，种后覆土盖实。为促使尽早出苗，可将种子预先用 30 ℃温水浸泡 3~5 小时，然后捞出麦种保持湿润和一定温度进行催芽，待种子萌动后进行补种。

2. 因苗制宜，分类管理　要根据天气、墒情、苗情等采取针对性冬前管理措施。

（1）对整地粗放、坷垃较多、悬空不实麦田，要及时浇好分蘖水，踏实土壤，保苗正常生长，促进分蘖发生和根系下扎。要大力推广节水灌溉技术，小水细浇，避免大水漫灌造成土壤板结，影响麦苗生长。

（2）对于没有水浇条件的麦田，应做好冬前镇压和中耕划锄保墒，对缺肥麦田可趁雨雪天气适量追肥，促分蘖和次生根发生。

（3）对底肥充足、生长正常、土壤墒情适宜的壮苗麦田，冬前一般不再追肥浇水，只进行中耕划锄，保苗稳健生长。

（4）对播种偏早、有旺长趋势的麦田，要及时进行深中耕断根或镇压，也可用化控剂抑制其生长，控旺转壮。

（5）对晚播麦田，冬前一般不宜追肥浇水，以免降低地温，可浅锄松土，增温保墒，促苗早发快长。

3. 中耕镇压，促根健蘗　每次降雨或浇水后要适时中耕保墒，破除板结，改善土壤通气条件，促根蘗健壮发育。对于耕作粗放、坷垃较多、旋耕没有耙实的麦田，封冻前进行镇压，压碎坷垃，弥补裂缝，增温保墒。压麦应在中午以后进行，以免早晨有霜冻镇压伤苗。

4. 适时化除，防病治虫　冬前是麦田化学除草有利时机，可选用炔草酸、精噁唑禾草灵等防除野燕麦、看麦娘等；用甲基二磺隆、甲基二磺隆+甲基碘磺隆防除节节麦、雀麦等；用双氟磺草胺、氯氟吡氧乙酸、唑草酮、苯磺隆、溴苯腈和二甲四氯水剂等防除双子叶杂草。防治时间宜选择在小麦 3~5 叶期、杂草 2~4 叶期、日平均气温在 5 ℃以上的晴天进行。同时要做好纹枯病、茎基腐病、根腐病和地下害虫、麦蜘蛛、蚜虫等病虫害的动态调查，及时指导农户开展病虫防治，保护小麦壮苗越冬。

5. 科学冬灌，保苗越冬　要根据苗情和土壤墒情适时浇好越冬水。若土壤墒情充足，可不浇越冬水；若土壤墒情较差，要适时进行冬灌。对晚播麦田，一般不进行冬灌，特别是单根独苗田块避免浇水。但对秸秆还田、旋耕播种、土壤悬空不实的麦田必须进行冬灌，以踏实土壤，促进小麦盘根和大蘗发育，保苗安全越冬。冬灌的时间一般在日平均气温 3 ℃时进行，在封冻前完成，一般每亩浇水量为 40 m³，禁止大水漫灌，浇后及时划锄松土。

6. 做好预案，预防冻害　近年来我省小麦生产遭遇冻害频率较高、威胁较大，尤其是播种偏早、播量偏大出现旺长趋势的麦田和部分播种偏晚、长势偏弱的麦田遇到强降温天气极易发生冻害。各地要密切关注天气变化，做好预防小麦冻害的预案，一旦冻害发生，要分苗情、分灾情、分区域及时采取有效应对措施，把损失降到最低。

此外，各地要抓住降雨等有利条件，未播种的麦田及时趁墒抢播，种好晚播小麦。

三、春季

（一）形势分析

麦播以来，全省各级农业部门扎实开展麦播和田间管理工作，加之冬前及越冬大部地区气温和墒情较为适宜，我省小麦生产形势总体较好。主要表现在：一是种植面积继续稳定。河南省认真落实粮食安全省长责任制，层层压实重农抓粮责任，全面落实各项支农惠农政策，充分调动广大农民种粮的积极性，全省小麦面积继续稳定在 8 600 万亩以上，为夏粮丰产增收奠定了基础。二是优质小麦发展较快。各地认真贯彻落实省委、省政府"四优四化"的决策部署，积极推进优质小麦发展，全省集中连片规模化种植优质小麦达到 1 200 万亩。三是小麦苗情为近年来较好年份之一。据农情调度，我省小麦越冬群体适宜，个体发育良好，苗情好于常年同期，明显好于上年同期，其中一、二类苗比例明显增加，达到 85.4%，较上年增 15.5%，较常年增 2.8%。四是气象条件总体有利。麦播期间天气晴好，利于小麦播种，绝大部分地区播种基础较好，冬前及越冬气温和墒情比较适宜，利于小麦分蘗生长、形成壮苗并安全越冬。2018 年河南省小麦生产也存在不容忽视的问题：部分农户因抢墒播种，播期偏早，加之越冬气温偏高，群体偏大，旺苗面积增加；部分麦田土壤墒情偏差；中后期病虫害发生程度总体将重于常年，特别是小麦赤霉病存在偏重至大流行的风险；春季天气变化较大，存在低温冻害、干旱隐患等。

（二）应变技术

针对当时小麦苗情、土壤墒情、病虫情和气候特点，各地应以"控旺促弱转壮，保苗稳健生长"为主要管理目标，强化春季麦田管理，重点抓好以下几方面技术措施。

1. 因地因苗管理，科学肥水调控

（1）对旺苗麦田，返青期采取碾压或深锄断根，抑制春季过多分蘖；起身初期进行化学调控，预防后期倒伏；拔节期结合浇水，亩追施尿素 10～15 kg。对冬前过旺、返青后有脱肥现象的麦田，起身期结合浇水，亩追施尿素 10～15 kg。

（2）对三类麦田，一般要控制早春浇水，以免降低地温和土壤透气性而影响麦苗生长，于返青期 5 cm 地温稳定在 5 ℃左右时追肥浇水，亩施尿素 8～10 kg 和适量的磷酸二铵。

（3）对二类麦田，可在起身期结合浇水亩施尿素 15 kg 左右，以促苗稳健生长，提高分蘖成穗率，培育壮秆大穗。对地力水平较高的一类苗麦田，在拔节期结合浇水，每亩追施尿素 10 kg 左右，促穗大粒多。

（4）对旱地麦田，春季趁墒亩追施尿素 5～8 kg 左右，并配施适量磷酸二铵，保冬前分蘖成穗，促春生分蘖早发快长，争取穗数保产量。

（5）对土壤墒情偏差的麦田，要根据苗情、墒情和气温，适时浇好返青水，在气温稳定至 3 ℃以上时浇水，一般先浇三类苗，再浇二类苗，最后浇一类苗，小水细浇，浇后结合中耕松土，通气增温。

另外，豫南稻茬麦田要做好清沟理墒，预防渍害。

2. 抓住关键环节，实行科学防控　2018 年河南省小麦中后期病虫害应以条锈病、赤霉病、纹枯病、麦穗蚜等为重点，因地制宜、分类指导，抓住关键环节，实行科学防控。

（1）严密监控小麦条锈病：沙河以南条锈病早发区、常发区，要从 2018 年 2 月下旬开始，要全面落实"准确监测、带药侦察、发现一点、控制一片"的防控策略，切实抓好对小麦条锈病发病中心的封锁控制，并根据病情发展情况，组织开展区域性统防统治，严防大面积扩展流行。

（2）返青拔节期实施化学除草和病虫早控：小麦返青至拔节前，是春季化学除草的关键时期，根据当地草情、草相等实际情况，科学开展杂草防除。同时对小麦纹枯病、茎基腐病、黄花叶病等土传病害进行早期控制，并注意挑治麦蚜、麦蜘蛛，压低虫源基数。

（3）抽穗扬花期全面预防赤霉病。对小麦赤霉病，各地要坚决克服麻痹侥幸心理，科学研判，及早准备，主动出击，实施全生育期综合防治，确保防在发生流行之前。一要加强栽培管理。平衡施肥，增施磷、钾肥；控制中后期小麦群体数量，做到田间沟渠通畅，创造不利于病害流行的环境。二要坚持见花打药，主动预防。南部常发区要坚持"主动出击、见花打药"不动摇，在小麦齐穗至扬花初期进行全面喷药预防，用足药液量，施药后3~6小时内若遇降雨，雨后应及时补治。第一次防治结束后，需隔5~7天再防治1次，减轻病害发生程度，减低毒素污染风险。其他麦区要坚持"立足预防、适时用药"不放松，密切关注抽穗扬花期天气预报，如有连阴雨或连续结露等适宜病害流行天气，立即组织施药预防，降低病害流行风险。三要选好合适药剂和器械。推荐选用氰烯菌酯、戊唑醇及其复配制剂，以及耐雨水冲刷剂型，注重交替轮换用药，避免或延缓抗药性产生。要尽量使用自走式宽幅施药机械、自主飞行无人机等高效植保机械，选用小孔径喷头喷雾。同时，应添加适宜的功能助剂、沉降剂等，提高施药质量，保证防治效果。同时，小麦吸浆虫高密度区域，要重点抓好抽穗至扬花前的成虫防治。

（4）灌浆期做好一喷三防：小麦灌浆期是多种病虫发生危害高峰期，各地要根据病虫发生的实际情况，将杀菌剂、杀虫剂、植物生长调节剂及叶面肥等，科学配方、混合喷洒，综合控制白粉病、锈病、赤霉病、叶枯病、麦穗蚜等多种病虫危害，达到一喷多效。

3. 关注天气变化，防御低温冻害　我省春季气温回升快、起伏大，极易发生"倒春寒"。各地要密切关注天气变化，在寒流来临前，及时进行灌水，以改善土壤墒情，调节近地面层小气候，减小地面温度变幅，预防冻害发生。一旦发生冻害，要及时采取追肥等补救措施，促进受冻麦苗尽快恢复生长。

4. 采取多种措施，预防后期倒伏　小麦返青至起身期是预防倒伏的最后关键时期，各地要根据整地、播种、苗情长势等情况，及时采取深中耕、镇压、化控等措施，保苗稳健生长，为预防后期倒伏打好基础。对整地粗放、坷垃较多的麦田，开春后要进行镇压，以踏实土壤，促根生长；对长势偏旺的麦田，可采用深中耕断根，控制麦苗过快生长。另外，在起身初期可喷洒化控剂，以缩短基部节间，降低株高，增强抗倒能力。

5. 结合品种特性，落实保优技术　各地要依据当地气候、土壤和种植的品种，科学指导优质专用小麦种植农户保优生产，强筋小麦要推迟追肥时间，重施拔节孕穗肥，后期喷施氮肥；弱筋小麦要施好返青肥，避免后期追肥。同时要结合不同品种特征特性，抓好针对性措施落实，对抗寒能力弱的品种，注意浇水防冻；对抗倒能力差的品种，起身初期进行化学控制；对抗病能力差的品种，精准施药，提高防治效果。

参考文献

[1] 王绍中，田云峰，郭天财，等．河南小麦栽培学．北京：中国农业科学技术出版社，2009.

[2] 金善宝．中国小麦学．北京：中国农业出版社，1996.

[3] 崔金梅，郭天财，朱云集．小麦的穗．北京：中国农业科学技术出版社，2008.

[4] 袁剑平，申玉清，陈新德，等．小麦规范化栽培．郑州：河南科学技术出版社，1991.

[5] 王树安，董钻，苗果园．作物栽培学各论（北方本）．北京：中国农业出版社，1995.

[6] 胡廷积，尹钧．小麦生态栽培．北京：科学出版社，2014.

[7] 中华人民共和国气象行业标准．小麦干热风灾害等级（QX/T 82—2019）．北京：气象出版社，2019.